中等职业教育机械类专业改革创新系列教材

计算机绘图（AutoCAD）

主编　周　琴
参编　强光辉　李同义　谢珍真　张建刚
　　　蔡玉珍　徐　剑　顾利坚　孙洪波

机械工业出版社

本书采用任务教学法，将 Auto CAD 操作命令分解到 18 个具体的教学任务中。内容从 Auto CAD 初步认识到直线图形、带斜线图形、矩形图形、多线型图形、圆弧图形等简单图形的绘制，再到尺寸标注以及零件图绘制，最后到 Auto CAD 的打印出图，内容由浅入深，并与实际紧密结合，符合中职学生的认知规律。

本书以培养技术应用型人才为目的，注重实用性，同时兼顾中等职业教育的教学要求，强调理论联系实际，可作为中等职业学校机电类专业、数控技术应用专业、机械制造及自动化等相关专业的教学用书，也可供有关专业的师生和从事相关工作的人员参考。

为方便教学，本书配套有相关教学资源，凡选用本书作为授课教材的教师，均可登录 www. cmpedu. com 以教师身份免费下载，或来电咨询：010-88379193。

图书在版编目（CIP）数据

计算机绘图：AutoCAD/周琴主编. —北京：机械工业出版社，2016. 7（2024. 1 重印）

中等职业教育机械类专业改革创新系列教材

ISBN 978-7-111-54306-0

Ⅰ. ①计… Ⅱ. ①周… Ⅲ. ①计算机制图-AutoCAD 软件-中等专业学校-教材 Ⅳ. ①TP391. 72

中国版本图书馆 CIP 数据核字（2016）第 163759 号

机械工业出版社（北京市百万庄大街 22 号 邮政编码 100037）
策划编辑：汪光灿　责任编辑：黎　艳　版式设计：霍永明
责任校对：刘怡丹　封面设计：张　静　责任印制：郜　敏
三河市国英印务有限公司印刷
2024 年 1 月第 1 版・第 9 次印刷
184mm×260mm・7. 25 印张・167 千字
标准书号：ISBN 978-7-111-54306-0
定价：24. 00 元

电话服务	网络服务
客服电话：010-88361066	机　工　官　网：www. cmpbook. com
010-88379833	机　工　官　博：weibo. com/cmp1952
010-68326294	金　　书　　网：www. golden-book. com
封底无防伪标均为盗版	机工教育服务网：www. cmpedu. com

前　言

中等职业教育的目标是培养既有文化基础和专业理论知识，又有较强的实践能力的应用型技能人才，所以中等职业教育的教材编写要同时兼顾理论知识与实践知识。当前的中等职业教育教学改革是以“行动导向教学法”为核心，重视学生实际动手能力的培养，采用“以实践教学为基础，以能力培养为中心”的教学模式。本书在编写过程中充分考虑当前中等职业教育教学的发展现状和学生的实际需求，采用任务的形式进行编写，以适应目前中等职业学校的教学要求。

本书有以下几个特点：

1. 内容由浅入深、循序渐进

本书的内容从Auto CAD初步认识到直线图形、带斜线图形、矩形图形、多线型图形、圆弧图形等简单图形的绘制，再到尺寸标注以及零件图绘制，最后到Auto CAD的打印出图，内容由浅入深，循序渐进，符合中职学生的认知规律，便于学生掌握。

2. 突出“做中学、做中教”

本书采用任务教学法，每个任务都选择一个典型图形作为案例，在对案例进行讲解时，将操作步骤进行详细分解，将复杂的问题简单化，以便学生理解。在任务后面配有大量的图形，供学生进行练习，达到举一反三的学习效果，整个教材都是以学生绘图为主，突出了“做中学、做中教”的职业教育教学特色。

3. 注重实用性

本书以培养应用型技能人才为出发点，注重实用性，贯彻“实用为主、必需和够用为度”“广而不深、点到为止”的教学原则。

本书由周琴主编，强光辉、李同义、谢珍真、张建刚、蔡玉珍、徐剑、顾利坚、孙洪波参与编写。具体分工如下：任务一～八由强光辉、张建刚和蔡玉珍共同编写，任务九～十二由周琴、徐剑共同编写，任务十三～十六由谢珍真、顾利坚共同编写，任务十七、十八由李同义、孙洪波共同编写。

由于编者水平有限，书中错漏之处在所难免，敬请读者提出宝贵意见和建议。

编　者

目　录

任务一

AutoCAD 初步认识

学习目标

1. 认识 AutoCAD 2015 操作界面，会进行文件管理操作。

2. 了解菜单栏、工具栏的基本操作方法，会进行工具栏上命令的开关、使用、调整。

3. 了解状态栏、命令提示栏的作用，会进行状态栏的打开、关闭，会观察命令提示栏。

4. 会进行视图缩放与平移。

活动任务

绘制如图 1-1 所示的自由尺寸图形。

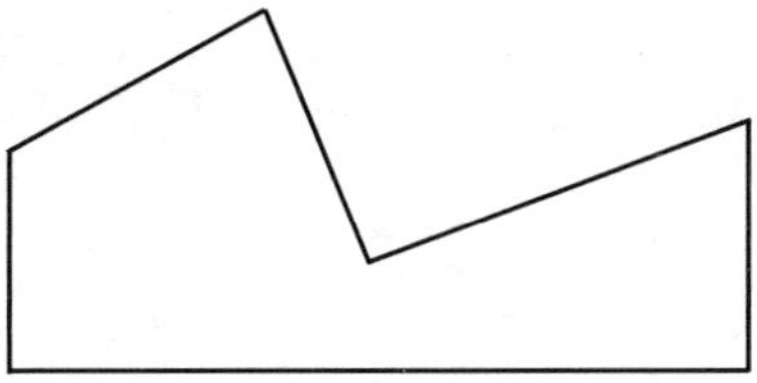

图 1-1　自由尺寸图形

相关知识

一、CAD 概述及常用软件 AutoCAD 的应用

计算机辅助设计（Computer Aided Design，简称 CAD）是将计算机应用于产品设计全过程的一门综合技术。它利用计算机产生各种数字与图形信息，并运用这些信息进行产品设计。工程技术人员以计算机为辅助工具，通过 CAD 软件对设计产品进行建模、分析、计算、

仿真与优化，在这一过程中，把设计人员的创造思维、综合判断能力与计算机强大的记忆、数值计算、信息检索等能力相结合，各尽所长，完成产品的设计、建模与分析等工作，最终达到提高产品设计质量、缩短产品开发周期、降低产品生产成本的目的。CAD 技术主要包括计算机辅助建模、计算机辅助结构分析计算、计算机辅助工程数据管理等内容。随着计算机技术的不断发展，CAD 所能完成工作的复杂性将不断提高。

AutoCAD 是美国 Autodesk 公司推出的计算机辅助设计软件，它用于二维绘图、设计文档和基本三维设计，现已经成为国际上广为流行的绘图工具。AutoCAD 在建筑、机械、测绘、电子、汽车、服装和造船等许多行业中得到了广泛的应用，是当前工程师设计绘图的重要工具。

二、AutoCAD 基础界面介绍

双击桌面上图标，进入 AutoCAD 软件界面。首次启动 AutoCAD 2015 的工作界面，如图 1-2 所示，一般由 6 个部分组成，其主要的功能如下：

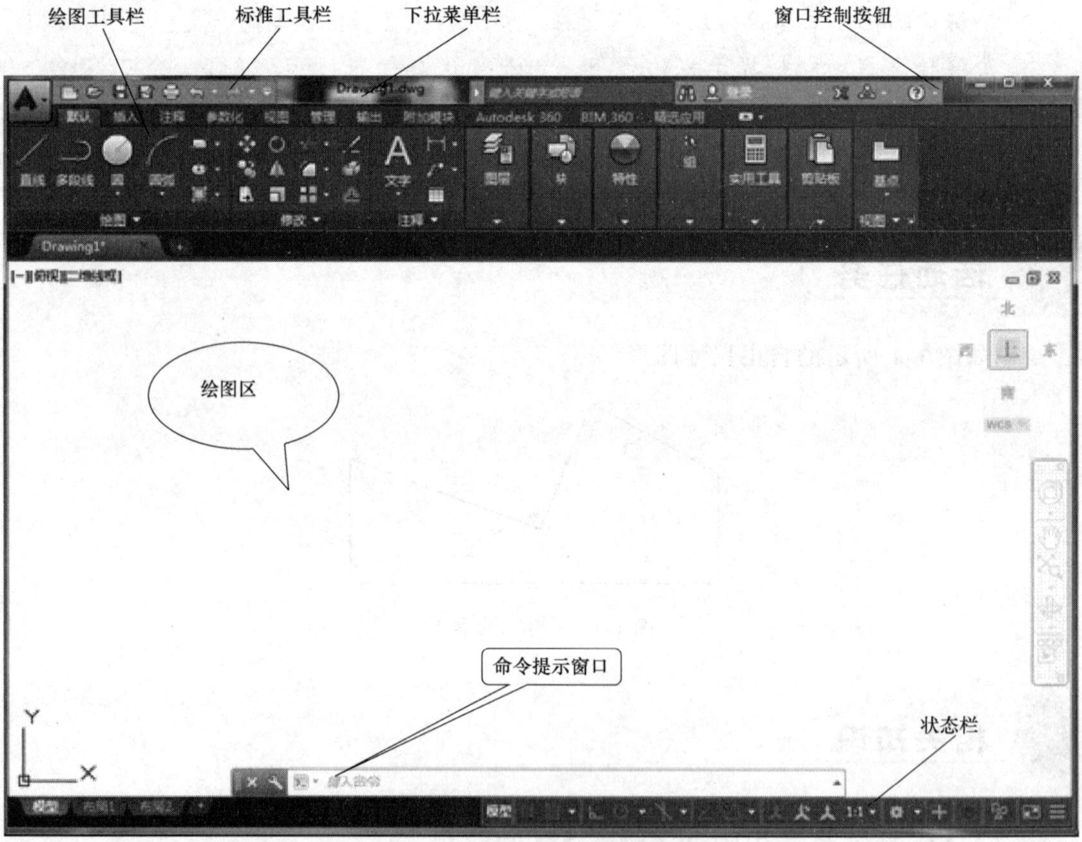

图 1-2　AutoCAD 工作界面

1. 窗口控制按钮

实现文件的最大化、最小化、还原和关闭功能。

2. 下拉菜单栏

在菜单栏中单击某个命令名称，可打开相应的主菜单，这时可显示该菜单中所包含的命令选项。

3. 浮动工具栏

利用工具栏上提供的选项，可以进行图形绘制、编辑等操作。

4. 绘图区

绘图区是指文档窗口中用于显示图形的区域。

5. 命令提示窗口

显示命令、系统变量、选项、信息等内容。

6. 状态栏

状态栏位于程序窗口的最下方，在其左侧将显示当前鼠标指针所处的位置，而在右侧提供了一些图标按钮，单击这些按钮可启用或关闭一些辅助绘图工具。

三、相关命令使用

1. 打开文件

单击菜单栏【打开】命令或单击标准工具栏上按钮打开文件。

2. 平移或缩放查看图形

单击标准工具栏上按钮进行平移，单击按钮缩放查看图形。

快捷键操作技巧：

缩放——滚动鼠标中键。

平移——按住鼠标中键拖动。

确认——按下鼠标右键。

3. 打开和关闭基础界面以外的工具栏

AutoCAD 的工具栏也是按不同功能分类组合的，需要调用某一工具栏时，选择菜单栏【视图】→【工具栏】→【AutoCAD】命令，弹出下拉菜单，如图 1-3 所示，单击工具栏的名称，则选中的工具栏将全部出现在软件界面上。

四、AutoCAD 应用展示

二维零件图如图 1-4、图 1-5 所示、装配图如图 1-6 所示、三维实体造型如图 1-7 所示。

活动步骤

【步骤一】 打开 AutoCAD 软件。

【步骤二】 新建图形文件。

【步骤三】 绘制图 1-1 所示图形。

【步骤四】 将图形保存在指定路径，文件名为：学号-姓名-exs1. dwg。

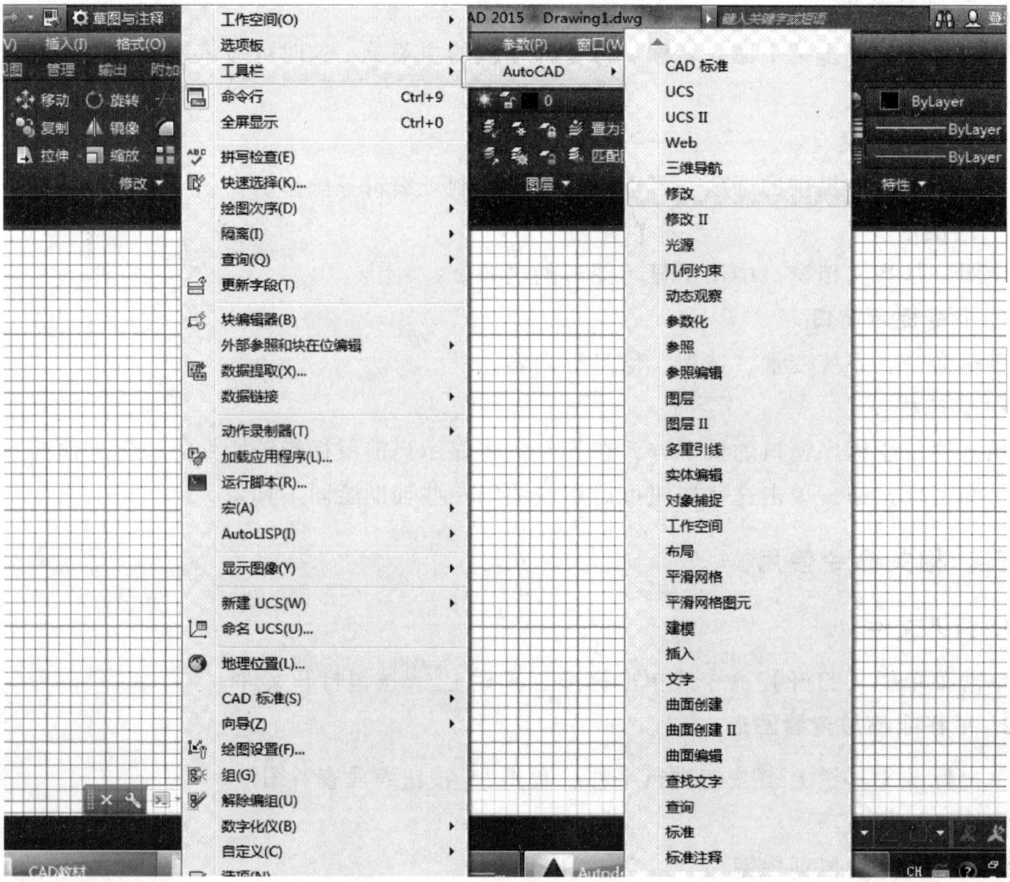

图 1-3 AutoCAD 2015 工具栏调用

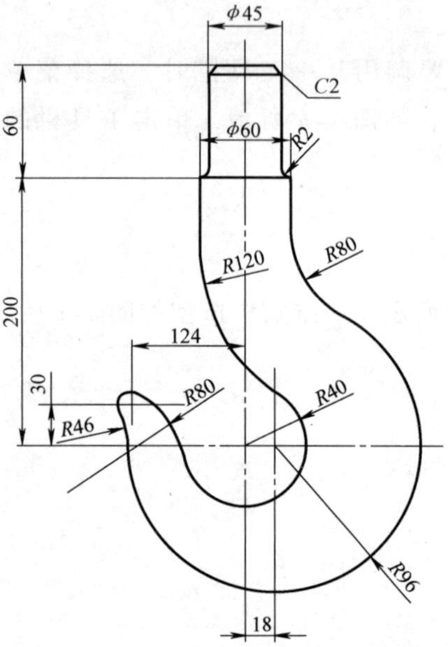

图 1-4 吊钩

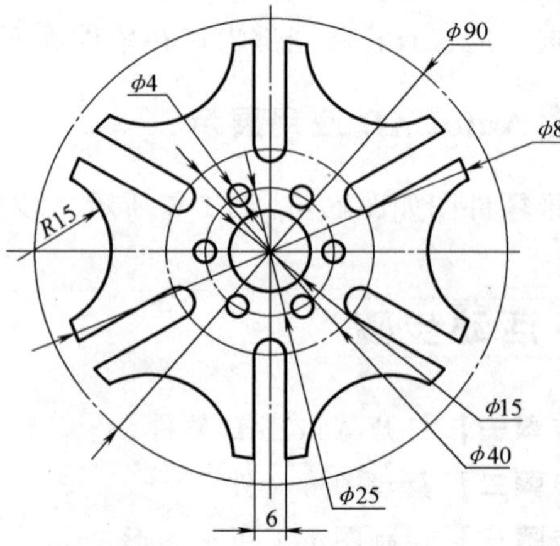

图 1-5 棘轮

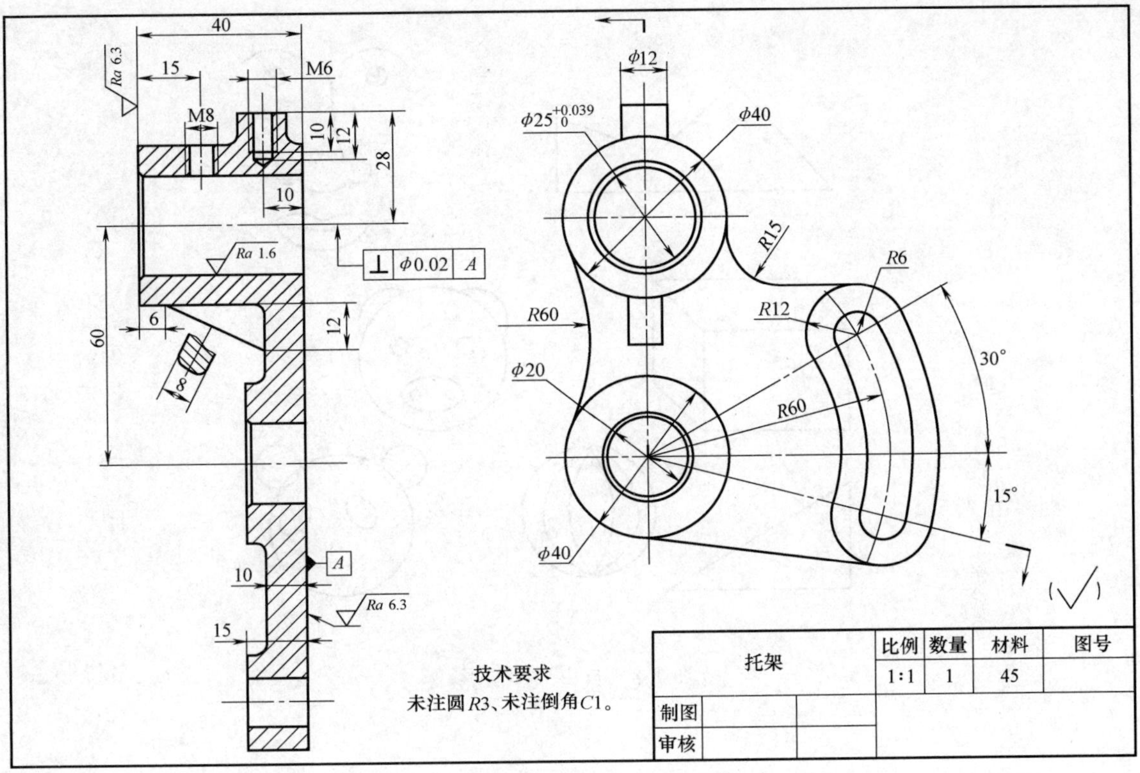

图 1-6　托架

图 1-7　台虎钳三维造型

思考与练习

绘制图 1-8 所示自由尺寸图形，并保存。

图 1-8　自由尺寸图形

任务二
直线型简单图形的绘制

学习目标

1. 学会用输入距离法绘制直线。
2. 学会状态栏的操作。
3. 学会绝对坐标的运用。
4. 学会相对坐标的运用。

活动任务

按照尺寸要求绘制如图 2-1、图 2-2 所示图形。

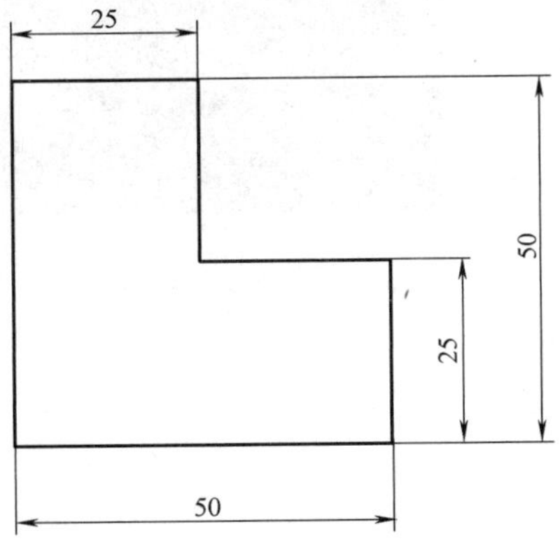

图 2-1　直线型图形一

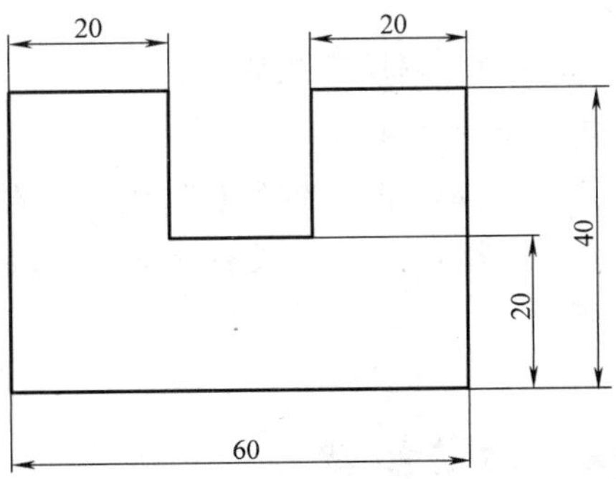

图 2-2　直线型图形二

相关知识

一、绝对坐标和相对坐标

绝对坐标：指相对于原点的坐标，即某一点到原点（0，0）的 X、Y 坐标或角度和距离。它包括直角坐标和极坐标两种坐标。绝对坐标只要确定每一点的坐标就能绘制出图形，如图 2-3 所示。

相对坐标：指某点与已知点的相对位移量，在 AutoCAD 中相对坐标用“@”标识。相对坐标也有相对直角坐标和相对极坐标之分，可根据具体情况而定。相对坐标只要确定每一点相对另一点的坐标值就能绘制出图形，如图 2-4 所示。

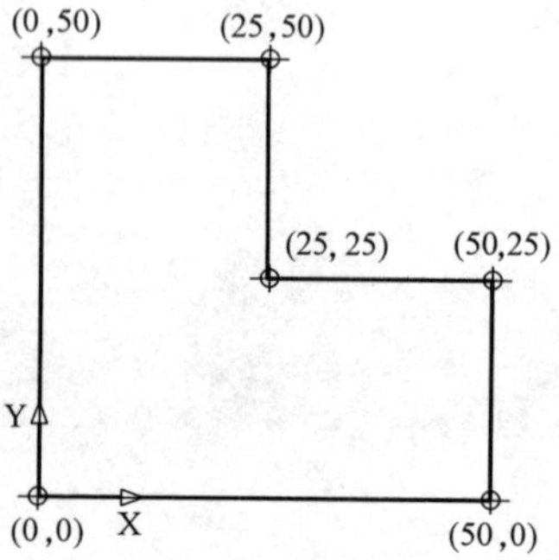

图 2-3　绝对坐标

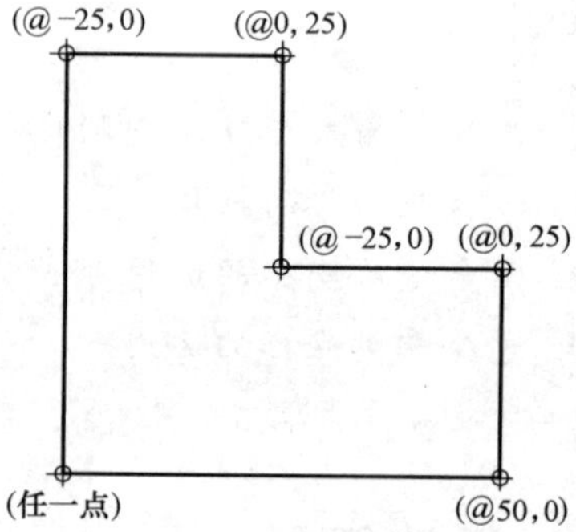

图 2-4　相对坐标

二、绘制直线

绘制直线的操作很简单，只要使用鼠标左键在绘图窗口中设定【点】，AutoCAD 会自动在两点之间建立直线。

直线命令调用方式如下：

1）命令：line。

2）下拉菜单：选择【绘图】→【直线】。

3）图标：单击工具栏上的【直线】按钮，如图 2-5 所示。

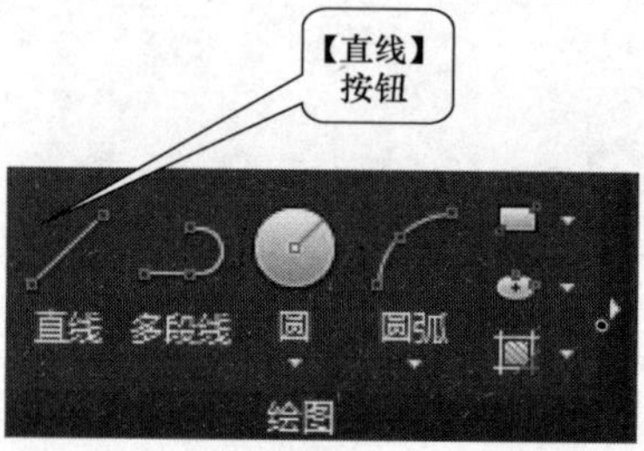

图 2-5　“直线”图标

活动步骤

一、用绝对坐标法绘制图 2-1 所示图形

【步骤一】 调用【直线】命令，任取一点，输入（0，0）并确认，如图 2-6 所示。

【步骤二】 根据命令行提示，在【指定下一点或放弃】后输入（50，0）并按回车键确认，如图 2-7 所示。

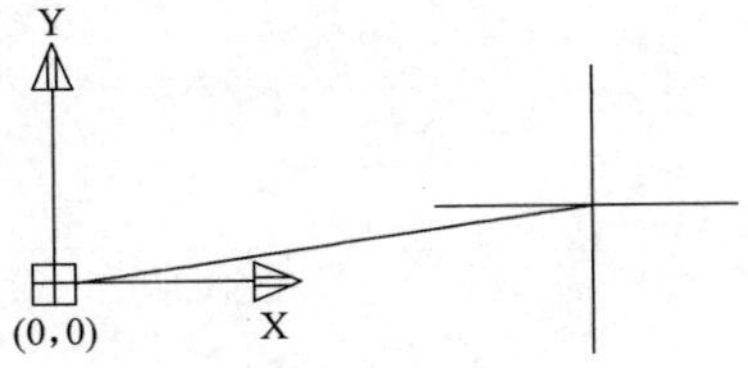

图 2-6　步骤一

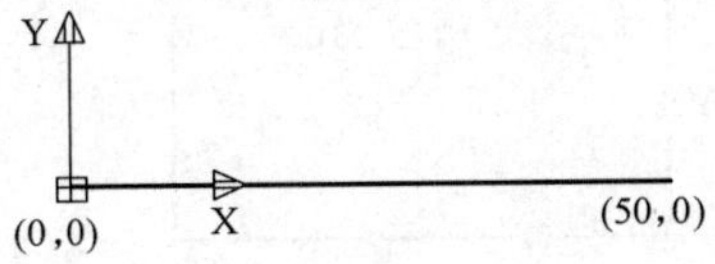

图 2-7　步骤二

【步骤三】 根据命令行提示，继续输入（50，25）并按回车键确认，如图 2-8 所示。
【步骤四】 根据命令行提示，继续输入（25，25）并按回车键确认，如图 2-9 所示。

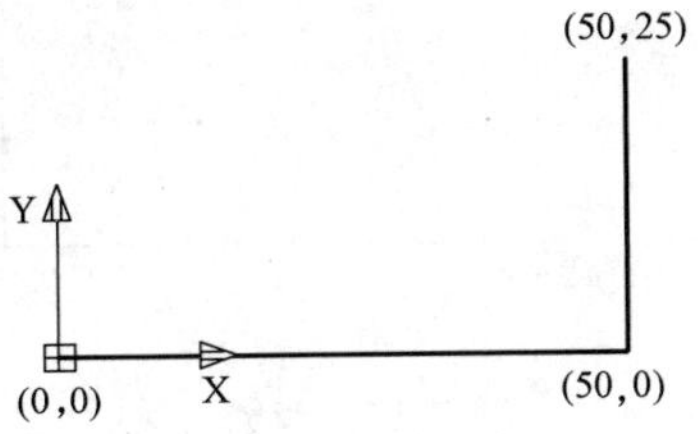

图 2-8　步骤三

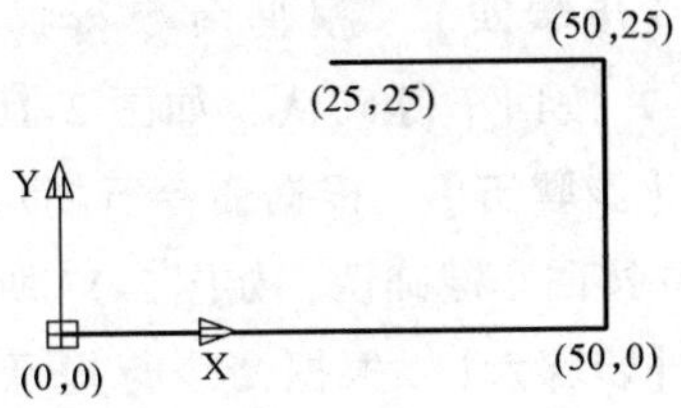

图 2-9　步骤四

【步骤五】 根据命令行提示，继续输入（25，50）并按回车键确认，如图 2-10 所示。
【步骤六】 根据命令行提示，继续输入（0，50）并按回车键确认，如图 2-11 所示。

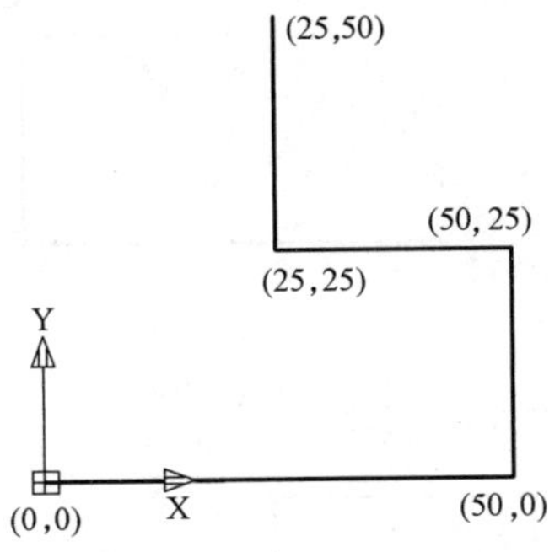

图 2-10　步骤五

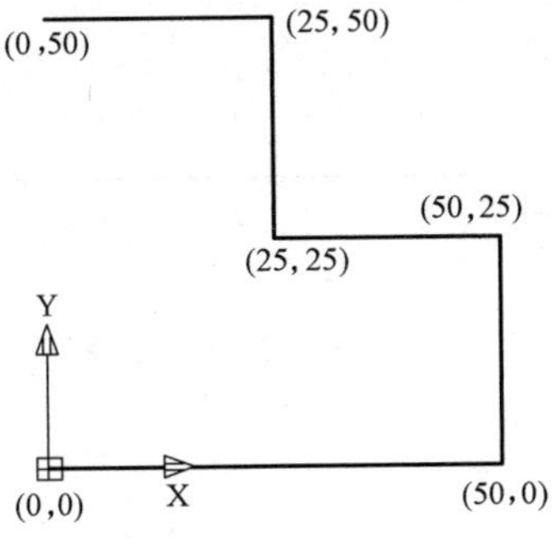

图 2-11　步骤六

【步骤七】 根据命令行提示，继续输入（0，0）并按回车键确认，完成图形的绘制，如图 2-12 所示。

二、用相对坐标法绘制图 2-1 所示图形

【步骤一】 调用【直线】命令，直接在绘图区域内合适位置单击鼠标左键，根据命令行提示，在“指定下一点或放弃”后继续输入（@50，0），并按回车键确认，如图 2-13 所示。

【步骤二】 根据命令行提示，继续输入（@0，25）并按回车键确认，如图 2-14 所示。

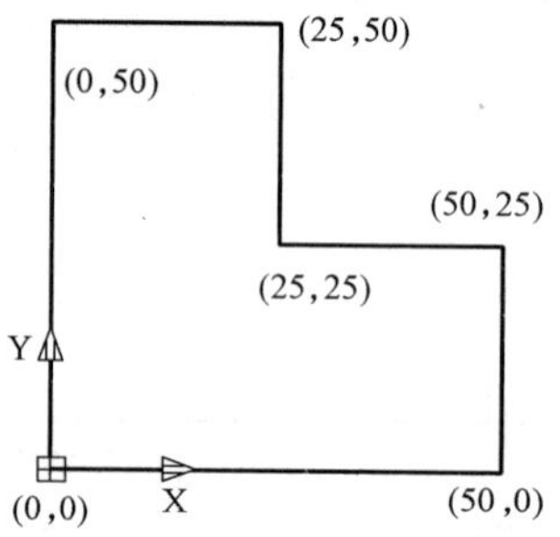

图 2-12　步骤七

图 2-13　步骤一

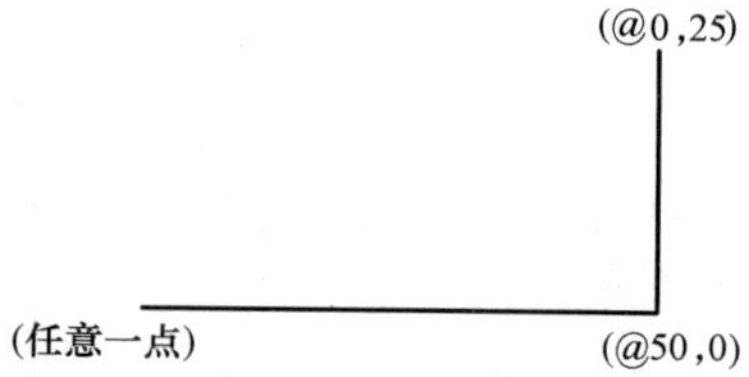

图 2-14　步骤二

【步骤三】　根据命令行提示，继续输入（@ -25，0）并按回车键确认，如图 2-15 所示。

【步骤四】　根据命令行提示，继续输入（@0，25）并按回车键确认，如图 2-16 所示。

【步骤五】　根据命令行提示，继续输入（@ -25，0）并按回车键确认，如图 2-17 所示。

【步骤六】　根据命令行提示，继续输入（@0，-50）按回车键确认，完成图形绘制，如图 2-18 所示。

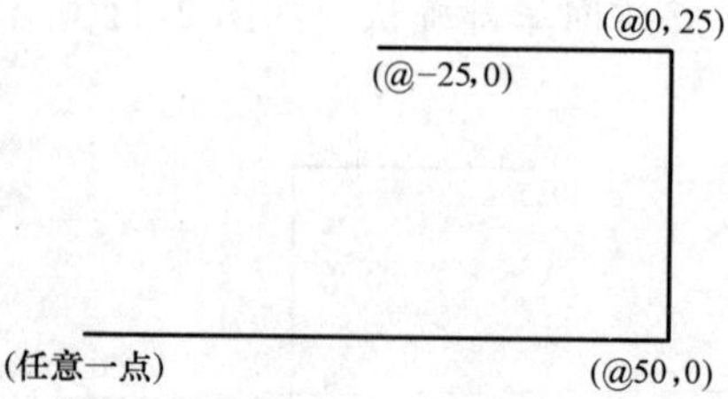

图 2-15　步骤三

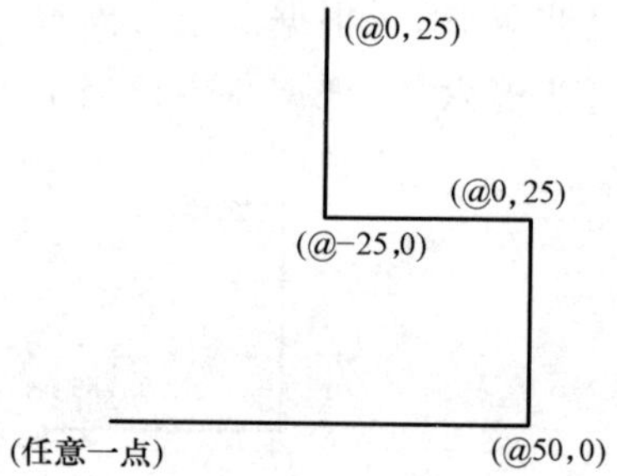

图 2-16　步骤四

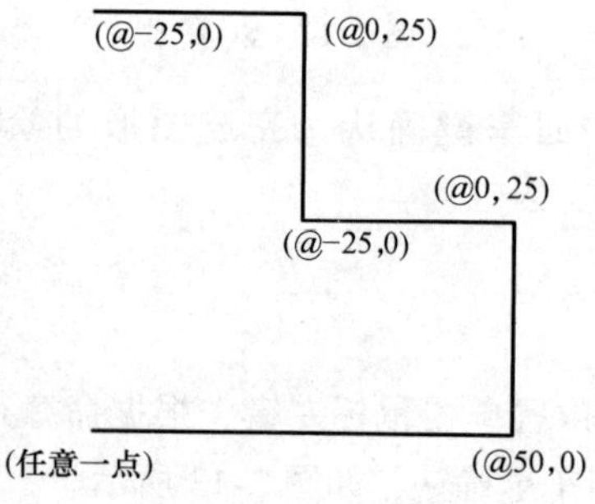

图 2-17　步骤五

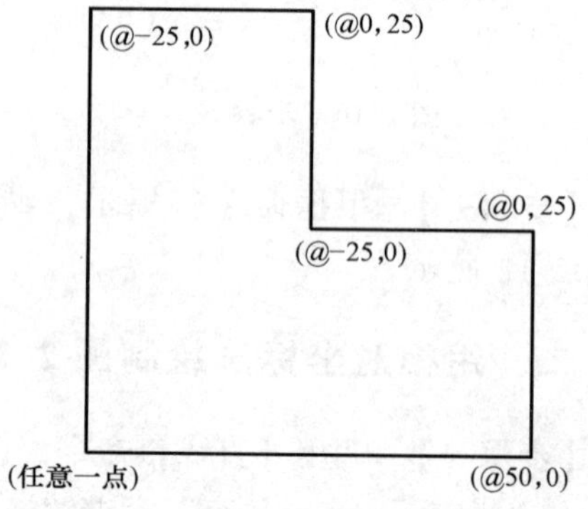

图 2-18　步骤六

思考与练习

按照尺寸绘制如图 2-19、图 2-20 所示图形。

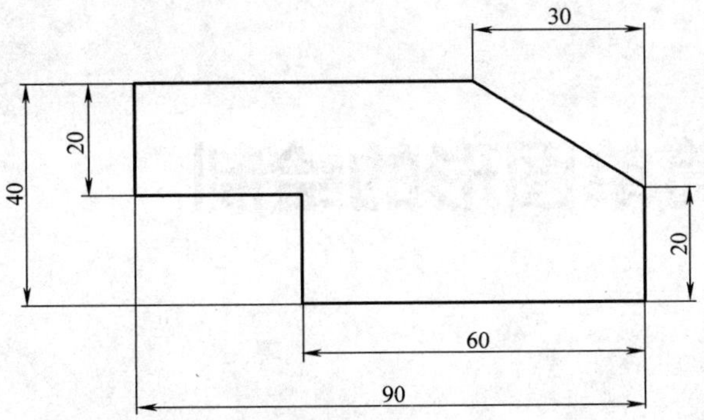

图 2-19　练习一

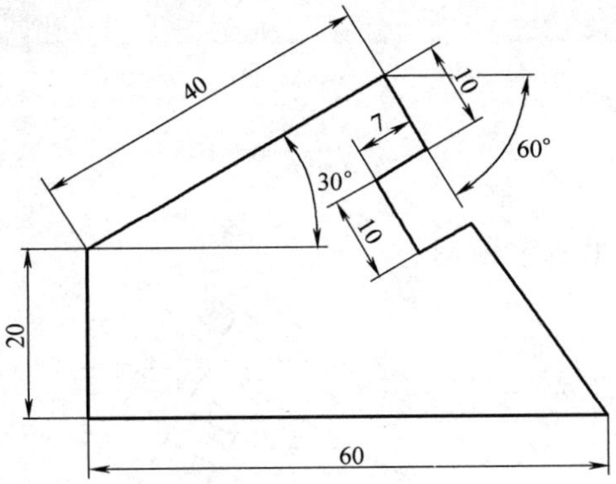

图 2-20　练习二

任务三
带斜线简单图形的绘制

学习目标

1. 学会用极坐标输入法画直线。
2. 学会用极轴追踪法画直线。
3. 学会使用删除命令。

活动任务

按照尺寸绘制如图 3-1 所示图形。

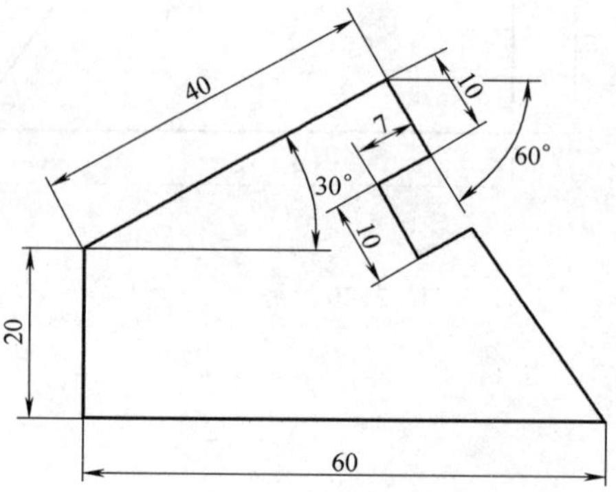

图 3-1　带斜线简单图形

相关知识

一、用极坐标输入法绘制直线

极坐标输入法就是输入距离和角度，用尖括号“ < ” 分开。一般情况下，极坐标采用相对坐标的方式输入，需要在距离前加上“@”符号，如图 3-2、图 3-3 所示。

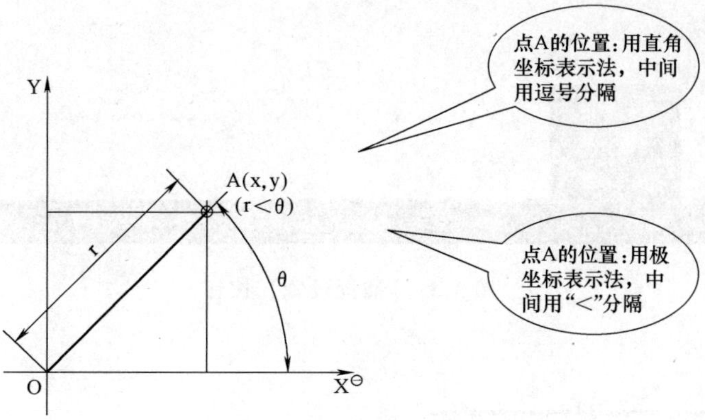

图 3-2　极坐标输入法

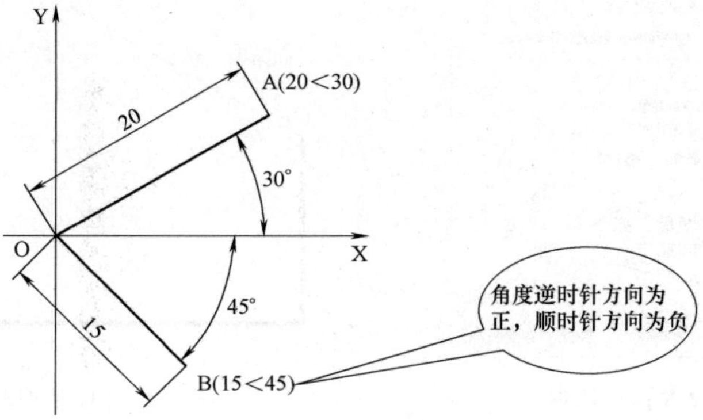

图 3-3　角度输入

例如，某一直线的起点坐标为（5，5）、终点坐标为（15，5），则终点相对于起点的坐标为（@10，0），用相对极坐标表示应为（@10<0），如图 3-4 所示。

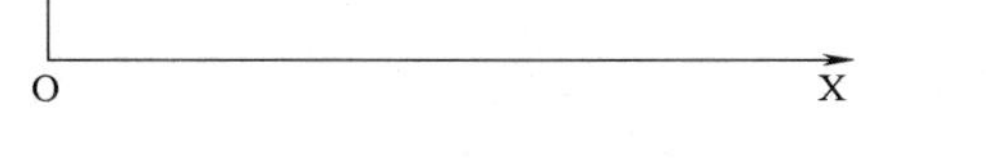

图 3-4　点的不同表示法

二、极轴追踪的设置

1）用鼠标右键单击绘图界面状态栏中的【捕捉设置】按钮，如图 3-5 所示，弹出【草图设置】对话框，如图 3-6 所示。

2）勾选【启用极轴追踪】选项，选中后可根据自己的需要进行设置，也可自行输入数值。

3）用【极轴追踪】命令绘图时，画好第一点后，把光标放到要绘制斜线的大致位置，会出现一条虚线，这条虚线就是极轴追踪线，用于引导正在绘制的直线，当线段和极轴追踪线重合时鼠标就不要动了，此时输入长度直接按回车键即可，如图 3-7 所示。

⊖ 本书坐标、变量均为正体，与软件界面中相同。

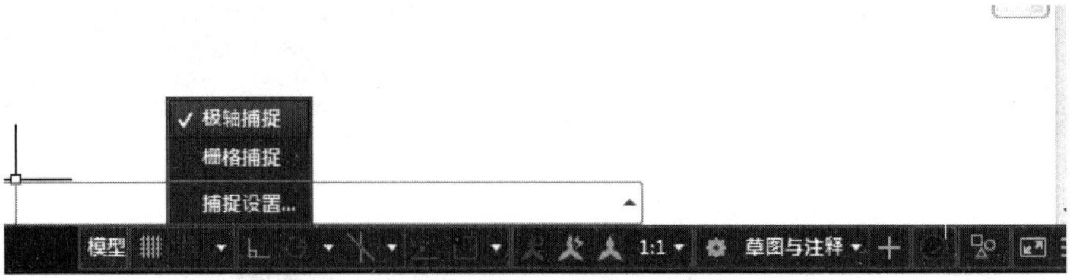

图 3-5 【捕捉设置】按钮

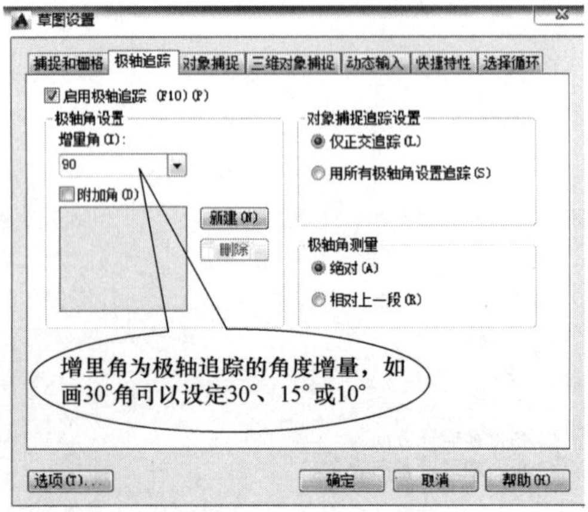

图 3-6 【草图设置】对话框

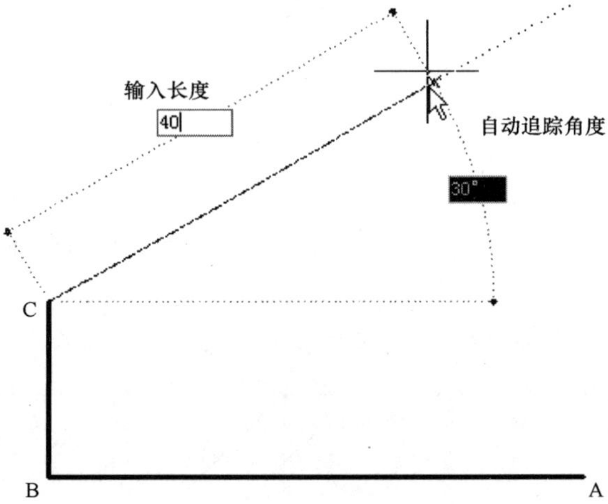

图 3-7 【极轴追踪】命令绘图

活动步骤

用相对坐标法绘制图 3-1 所示图形。

为方便绘制把图 3-1 所示图形中的各点标上字母，如图 3-8 所示。

【步骤一】 以 A 点为起点开始绘图，调用【直线】命令，绘制直线 AB 和 BC，如图 3-9所示。

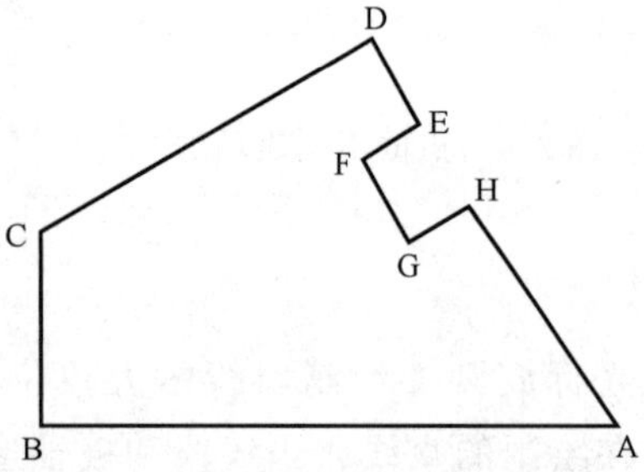

图 3-8 带斜线简单图形

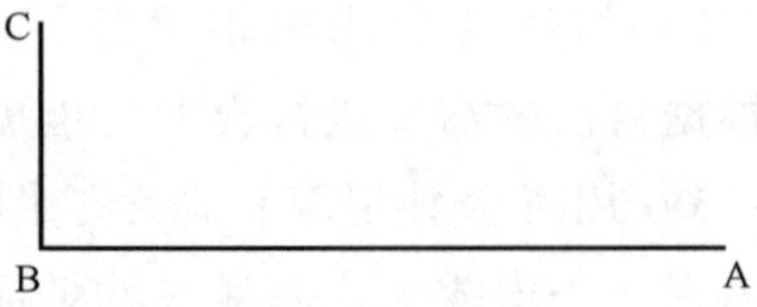

图 3-9 绘制直线 AB 和 BC

【步骤二】 再以 C 点为起点绘制直线 CD，调用【直线】命令，根据命令行提示，单击

C 点，随后直接输入“@ 40 < 30”即可绘制出直线 CD，这样无需考虑光标的位置，如图 3-10所示。

如果用极轴追踪功能来绘制也可以，方法如下：需要设置【极轴追踪】选项卡，在【增量角】选项中选择 30°，如图 3-6 所示，再把光标移动到 D 点附近，这时会出现一条 30° 的细线，此时不动鼠标直接输入长度“40”，按下回车键（或右键）即可。

【步骤三】 用同样的方法继续调用【直线】命令，根据命令行提示单击 D 点，随后直接输入“@ 10 < -60”。必须注意，输入的角度以 X 轴正方向为基准，顺时针方向为负，逆时针方向为正，绘制好 DE 线段，如图 3-11 所示。

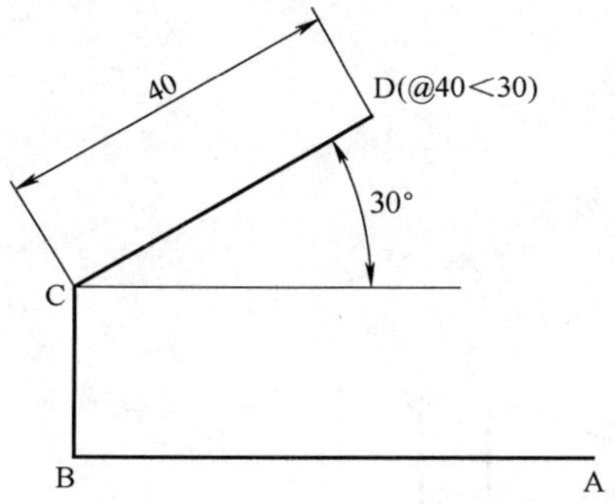

图 3-10　绘制直线 CD

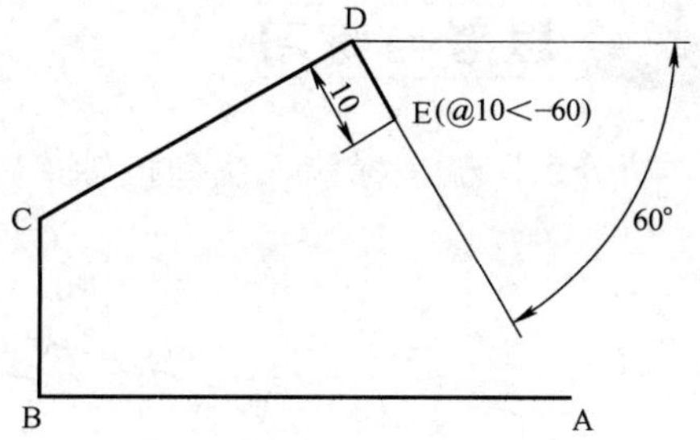

图 3-11　绘制直线 DE

【步骤四】 继续绘制直线，根据命令行提示单击 E 点，随后直接输入“@ 7 < -150”，绘制好 EF 线段，如图 3-12 所示。

【步骤五】 继续绘制直线，根据命令行提示单击 F 点，随后直接输入“@ 10 < -60”，绘制好 FG 线段，如图 3-13 所示。

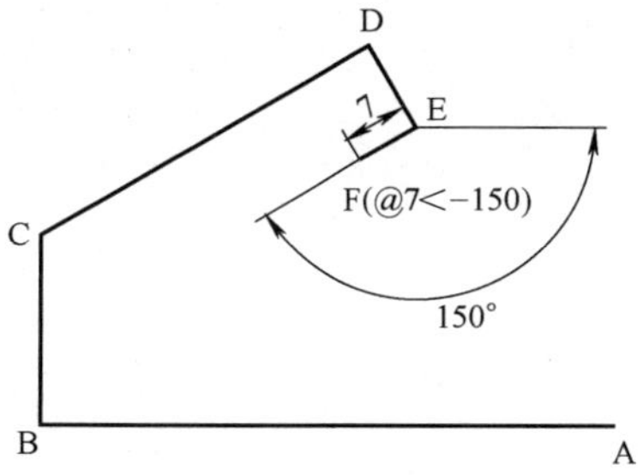

图 3-12　绘制直线 EF

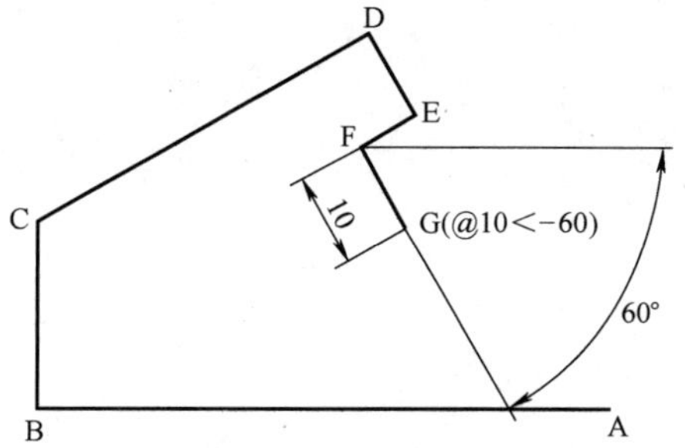

图 3-13　绘制直线 FG

【步骤六】 继续绘制直线，根据命令行提示单击 G 点，随后直接输入“@ 7 < 30”，绘制好 GH 线段，如图 3-14 所示。

【步骤七】 继续绘制直线，根据命令行提示单击 H 点，第二点再连接 A 点，完成图形的绘制，如图 3-15 所示。

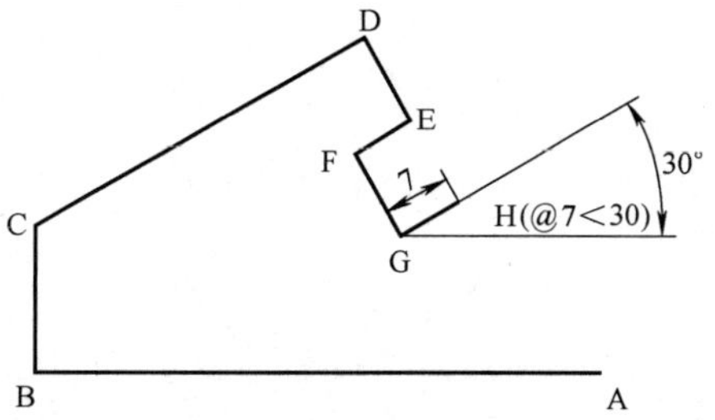

图 3-14　绘制直线 GH

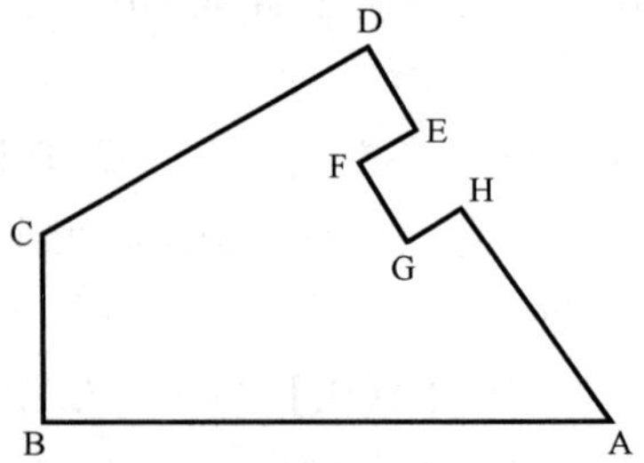

图 3-15　完成绘制

思考与练习

请分别用极坐标输入法和极轴追踪法绘制图 3-16 所示图形。

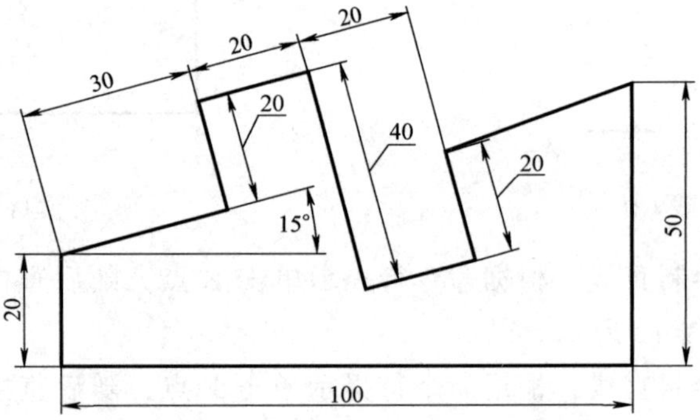

图 3-16　练习

任务四
整体斜向图形的绘制

学习目标

1. 会运用旋转命令。
2. 巩固极轴追踪功能的设置。
3. 巩固用极轴追踪功能绘制图形。

活动任务

根据尺寸要求绘制如图 4-1 所示图形。

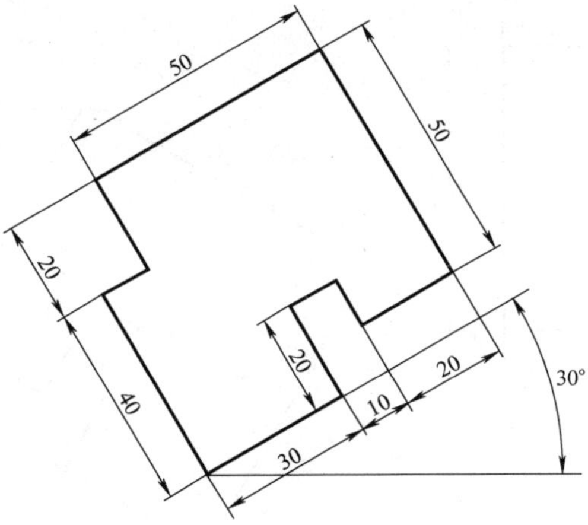

图 4-1　整体斜向图形

相关知识

旋转。

旋转命令用于精确地旋转已绘制对象。该命令要求用户首先输入一个基点，然后输入要旋转的角度，其中，正的角度值使选择对象按逆时针方向旋转，负的角度值使选择对象按顺时针方向旋转，然后所选对象以基点为旋转基准点，按输入的角度值进行旋转。

旋转命令调用方法如下：

1）命令：Rotate。

2）下拉菜单：选择【修改】→【旋转】。

3）图标：单击【修改】工具栏上的【旋转】按钮，如图 4-2 所示。

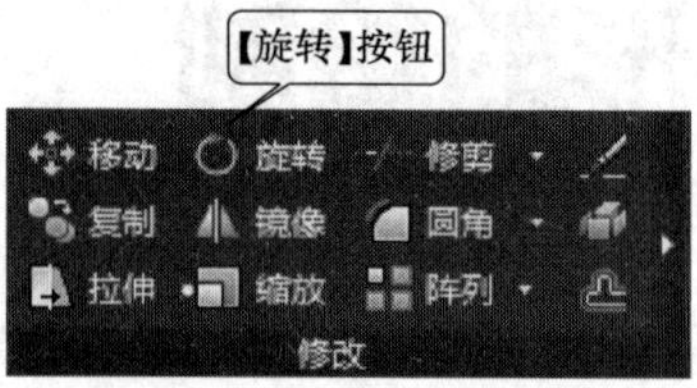

图 4-2 【旋转】图标

活动步骤

【步骤一】 可把图 4-1 所示图形看成图 4-3 所示的水平图形，利用极轴追踪（也可用正交）功能先画好图形，图中只有水平和垂直的线段，这样画起来方便了许多。

【步骤二】 用【旋转】命令把该图逆时针方向旋转 30°，就能得到所需图形，如图 4-4 所示。

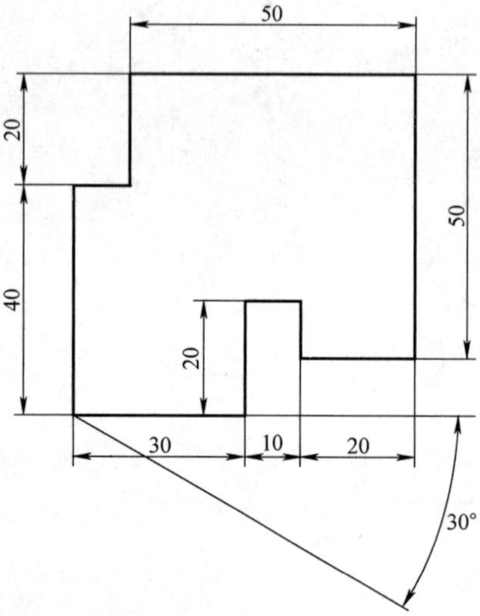

图 4-3 水平图形

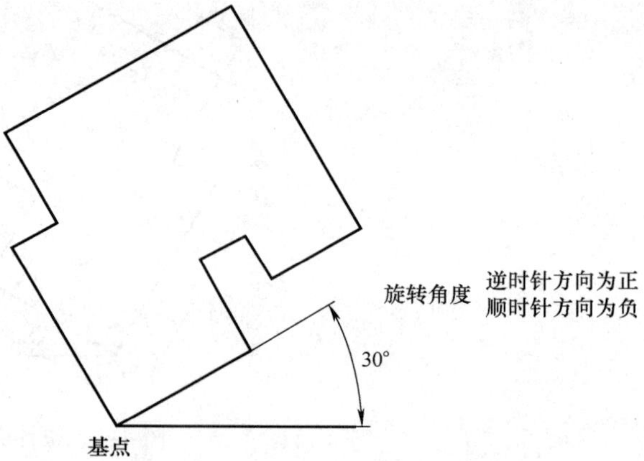

图 4-4 旋转图形

单击工具栏【旋转】按钮，命令行提示选择对象，这时框选整个图形，按下回车键（或鼠标右键）确定，选择好基点后按命令行提示，输入角度“30”，要注意角度的正负，然后确定即可。

思考与练习

用旋转命令绘制图 4-5 所示图形。

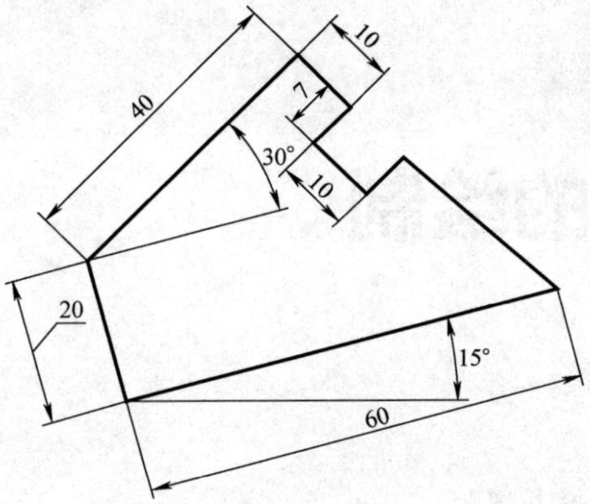

图 4-5　练习

任务五
矩形图形的绘制

学习目标

1. 学会运用矩形命令绘制图形。
2. 学会运用偏移命令编辑图形。
3. 学会中点的捕捉方式。

活动任务

按照图 5-1 所示尺寸要求绘制图形。

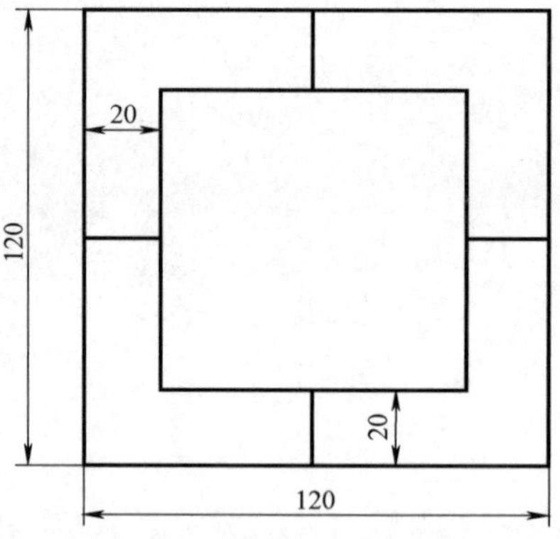

图 5-1　矩形图形

相关知识

一、矩形

使用矩形命令可以根据指定尺寸或条件绘制矩形，也可以绘制有倒角或圆角的矩形，还可以指定矩形的线宽。执行矩形命令时，要求输入矩形对角线上的两点，但对输入顺序并无要求，而且矩形的两组对边分别与当前坐标系内的 X 轴和 Y 轴平行。矩形的四个边是一个实体，当用户选择一条边时，其余几条边都被选中。

1. 矩形命令调用方法

1）命令：Rectang。

2）下拉菜单：选择【绘图】→【矩形】。

3）图标：单击【绘图】工具栏中【矩形】按钮。

调用矩形命令后，根据命令行提示，先选择第一个角点，然后根据相对坐标选择另一个角点即可。

2. 矩形命令的设置

正常情况下能画出如图 5-2a 所示不带倒角的矩形，如要画出如图 5-2b 所示带圆角的矩形则需要进行设置，具体步骤如下：

当使用矩形命令后命令提示行出现如图 5-3 所示提示时，输入字母“F”即圆角功能，按回车键，出现如图 5-4 所示的提示，按照提示输入半径的大小，按回车键，依次输入第一个角点和第二个角点。

图 5-2c 和图 5-2b 的绘制基本一样，就是把输入字母“F”改成输入“C”即可。

图 5-2d 所示图形是在执行矩形命令后，直接输入“W”即线的宽度功能，再确定第一角点和第二角点画出矩形。

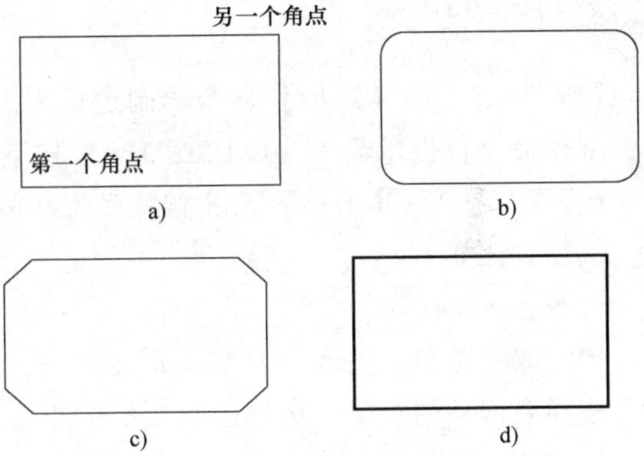

图 5-2　绘制矩形

a）不带倒角的矩形　b）带圆角的矩形

c）带斜角的矩形　d）显示线宽的矩形

图 5-3　【矩形】命令提示行

图 5-4　【带圆角的矩形】命令提示行

二、偏移

偏移命令调用方法如下：

1）命令：Offset。

2）下拉菜单：选择【修改】→【偏移】。

3）图标：单击【绘图】工具栏中的【偏移】按钮。

调用偏移命令后，根据命令行提示“指定偏移距离或【通过（T）】<通过>:”输入要偏移的数值，按回车键（或鼠标右键），然后按鼠标左键单击想要偏移的线段，再单击该线段需要偏移到的位置的方向即可，如图 5-5 所示。

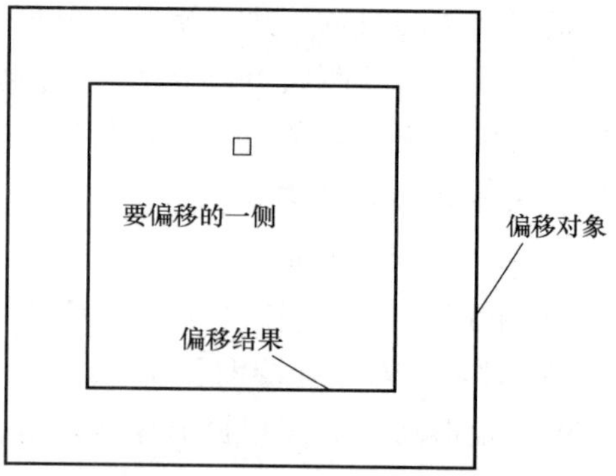

图 5-5　圆形的偏移

活动步骤

【步骤一】 用【矩形】命令绘制边长为 120mm 的矩形，如图 5-6 所示。先单击任意一点，根据命令行提示输入（@120，120）按下回车键（或鼠标右键）完成矩形的绘制。

【步骤二】 用【偏移】命令偏移图形 20mm。

调用方法如下：

命令：Offset。

指定偏移距离：输入“20” mm。

选择要偏移的对象：选择已绘制好的矩形。

指定要偏移的那一侧方向的点：单击时应该选在矩形内部，否则会往外偏移。

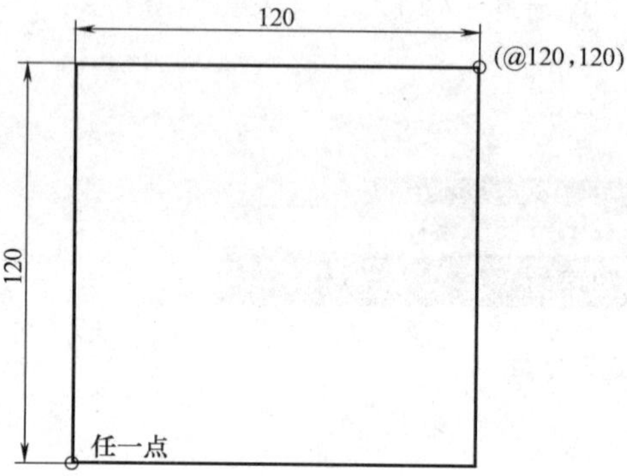

图 5-6　矩形图形

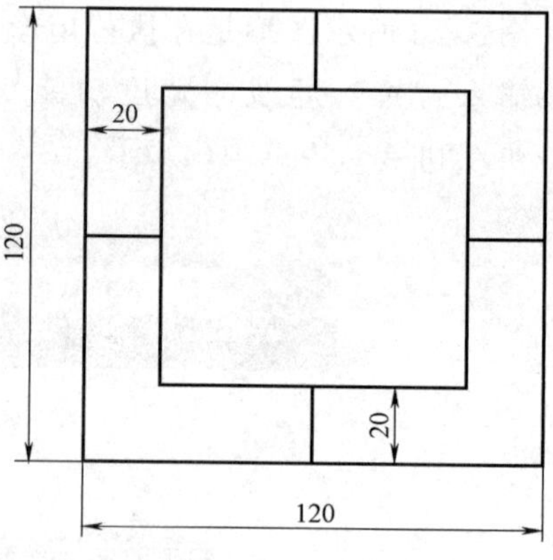

图 5-7　完成图形

【步骤三】 设置中点捕捉功能。

【步骤四】 画直线连接，完成图形，如图 5-7 所示。

思考与练习

按照尺寸要求绘制如图 5-8 ~ 图 5-12 所示图形。

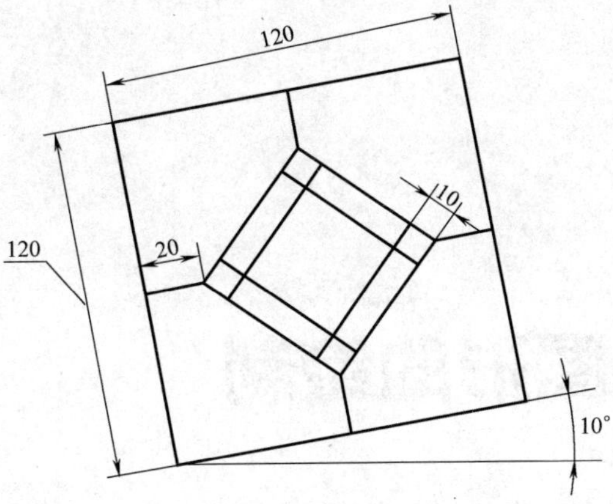

图 5-8　练习一

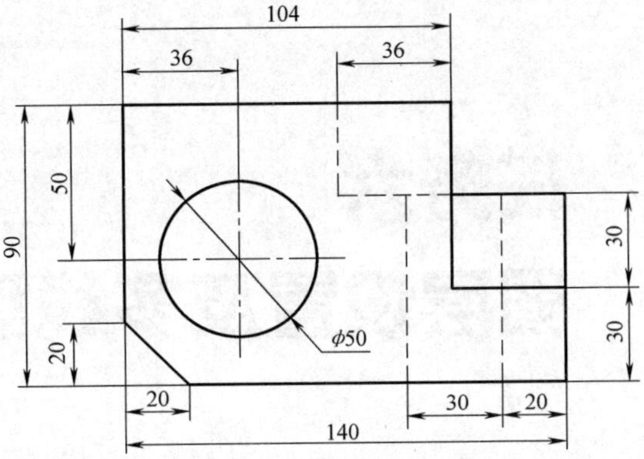

图 5-9　练习二

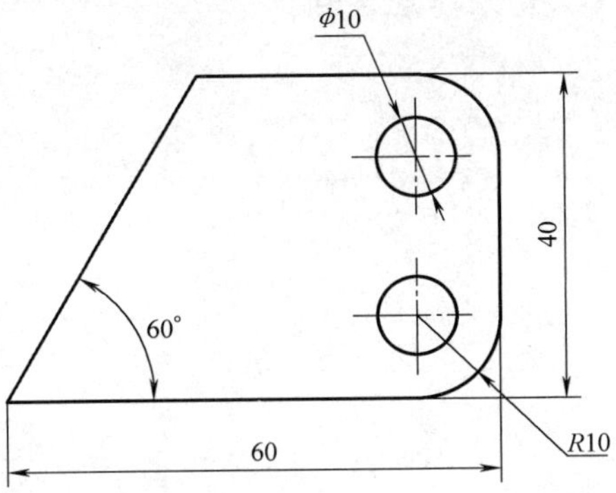

图 5-10　练习三

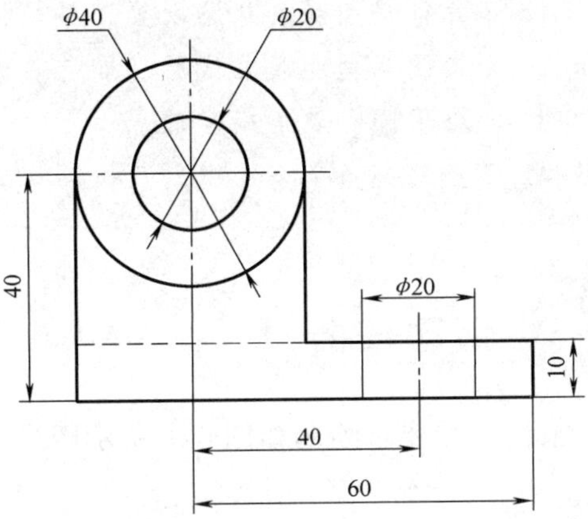

图 5-11　练习四

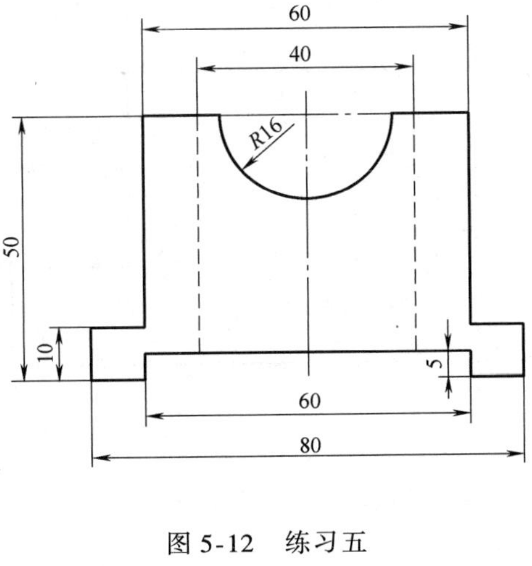

图 5-12　练习五

任务六

图层设置及多线型图形的绘制

学习目标

1. 学会创建图层、熟悉设置图层属性的操作。
2. 会用图层功能设置线型、颜色、线宽，能按国家标准要求绘图。
3. 学会用圆命令绘制图形。
4. 学会用倒角命令。

活动任务

根据尺寸要求绘制如图 6-1 所示图形。

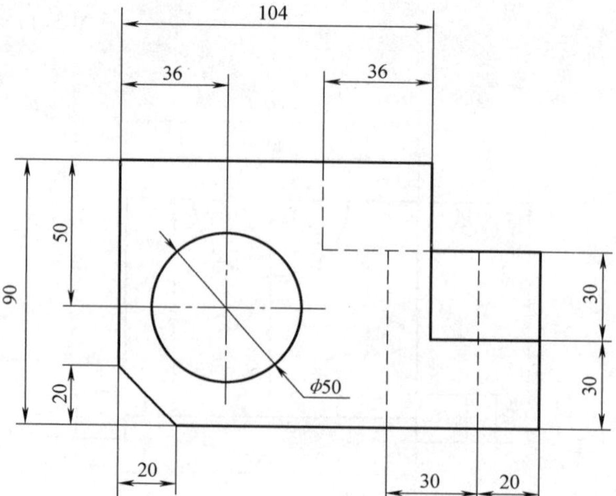

图 6-1　多线型图形

相关知识

一、图层

利用图层来管理图形是 AutoCAD 的一大特点。它可以将图层理解为透明纸，图形的不同部分画在不同的透明纸上，最终将这些透明纸叠加在一起组成一张完整的图形。

图层特性管理器操作方法如下：

单击【格式】→【图层】，弹出【图层特性管理器】如图 6-2 所示。

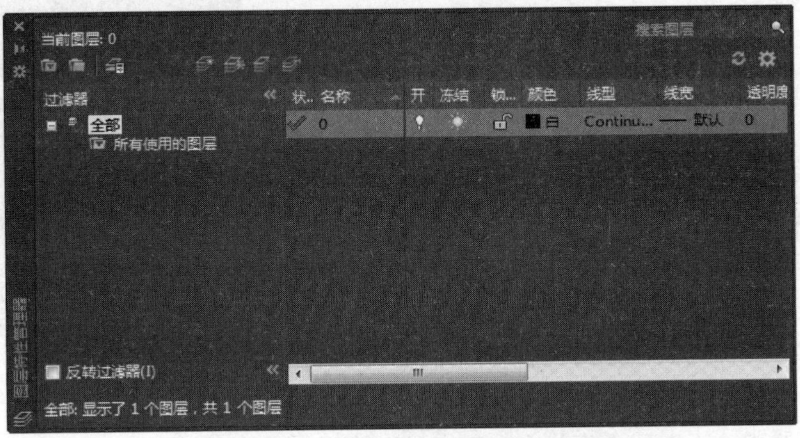

图 6-2　【图层特性管理器】对话框

通过【图层特性管理器】可以创建图层、设置颜色、加载线型、设置线宽等。

此外，还可以进行当前图层的设定、图层更改操作，图层的关闭、锁定和冻结，以及特性随层操作，如图 6-3、图 6-4 所示。

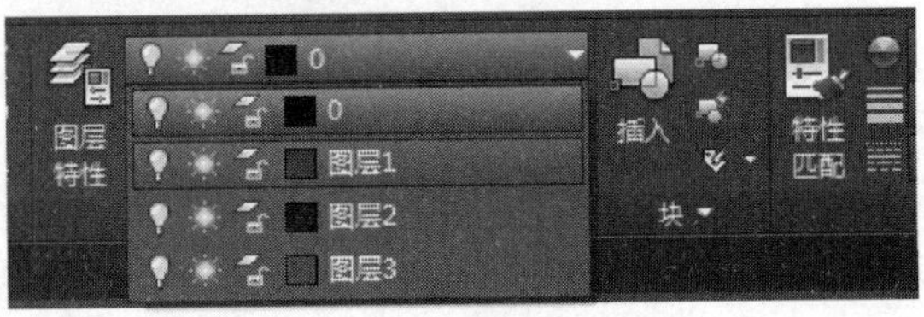

图 6-3　当前图层的更改

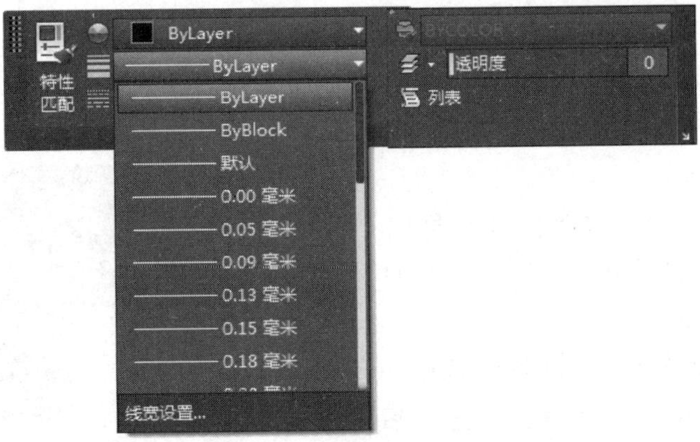

图 6-4　图层特性操作

二、圆

圆是常用的图形之一，AutoCAD 提供了 6 种绘制圆的方法。

1. 圆命令调用方法

1）命令：Circle。

2）下拉菜单：选择【绘图】→【圆】，有六种方法可以选择。

3）图标：单击【绘图】工具栏【圆】按钮，如图 6-5 所示，提示也会有 6 种方法，可根据实际需要选择简单的方法操作。

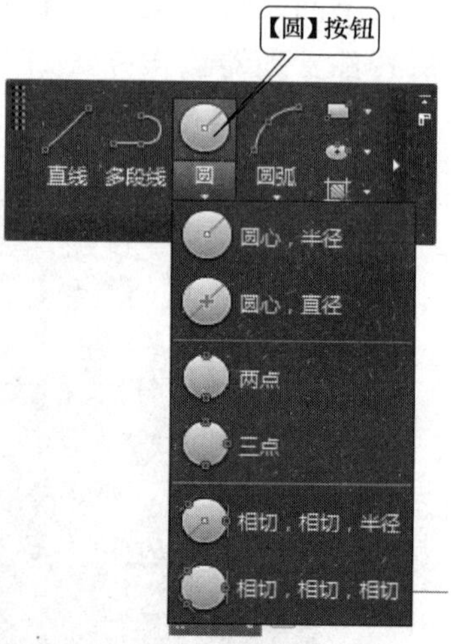

图 6-5 【圆】图标

2. 操作方式

1）单击【绘图】→【圆】→【圆心，半径】。

这是最常用的画圆方法，只要确定圆心和半径即可。

2）单击【绘图】→【圆】→【圆心，直径】。

同上一种方法类似，只是输入的值是直径。

3）单击【绘图】→【圆】→【两点】。

此时输入的两点，作为直径的两个端点，以这个直径的中点为圆心、两点间的距离为直径画出唯一的圆。

4）单击【绘图】→【圆】→【三点】。

根据几何原理，不在一条直线上的三点可以确定一个唯一的圆，只要单击三个不在一直线上的点，就能绘制出唯一的圆。

5）单击【绘图】→【圆】→【相切，相切，半径】。

此时选择两个与要绘制的圆相切的对象，选择点应该在切点附近，再输入半径就可以得到所需要的圆。

6）单击【绘图】→【圆】→【相切，相切，相切】。

选择三个与要绘制的圆相切的对象，不需要输入半径。

三、倒角

倒角相当于将两个实体（或多线段的两边）切去一刀，再将切断处用线段连接起来。

倒角命令调用方法。

1）命令：Chamfer。

2）下拉菜单：选择【修改】→【倒角】。

3）图标：单击【修改】工具栏上的【倒角】按钮，如图 6-6 所示。

执行【倒角】命令后，根据提示选中一条线段，命令行将提示选中第二条线段，选中后将按显示的参数对两条线段进行倒角，如图 6-7 所示。

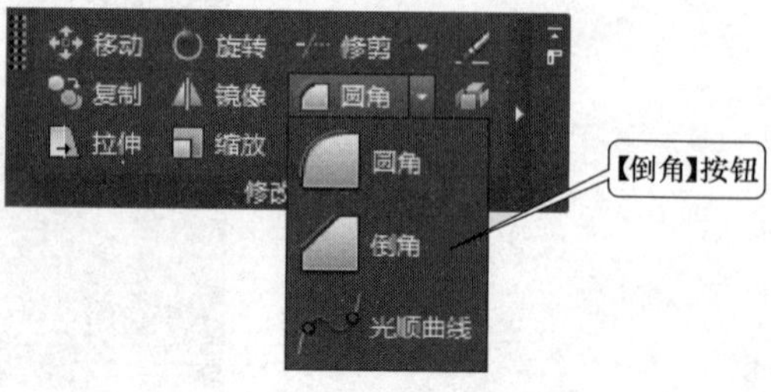

图 6-6 【倒角】图标

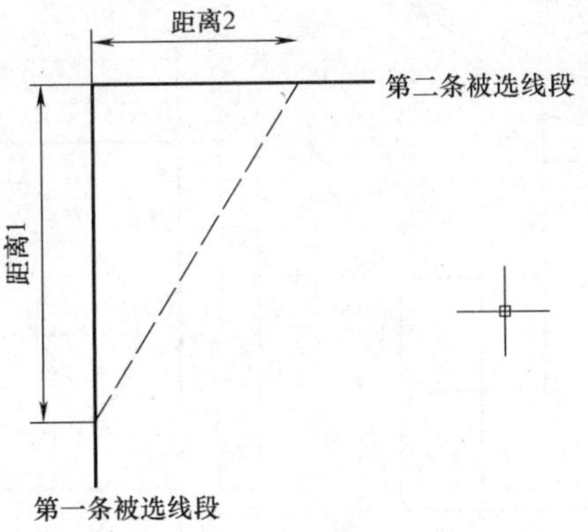

图 6-7　倒角参数的设置

活动步骤

【步骤一】　单击【格式】→【图层】命令，弹出如图 6-8 所示的【图层特性管理器】，通过【图层特性管理器】完成创建图层、颜色设置、加载线型和线宽设置。

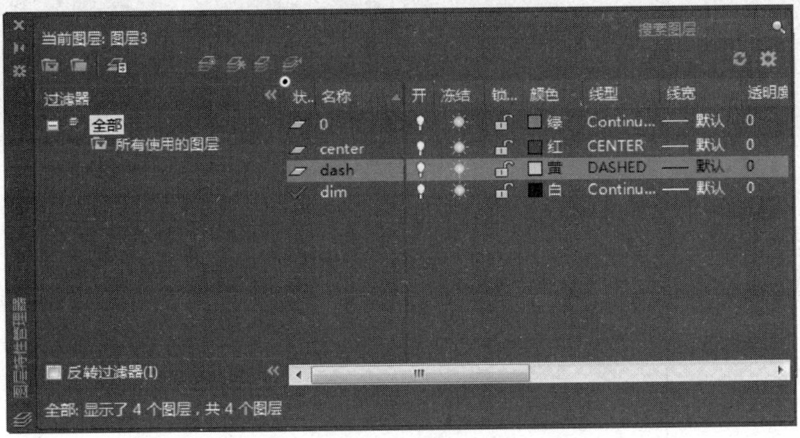

图 6-8　【图层特性管理器】窗口

【步骤二】　在 0 层绘制图形的直线部分，如图 6-9 所示。

【步骤三】　绘制直径为 50mm 的圆。先确定圆心，再画圆，如图 6-10 所示。

【步骤四】　倒角操作，如图 6-11 所示。

【步骤五】　按要求更改图层，最后完成图形。

选择好需要更改的线条，从如图 6-12 所示的【图层特性管理器】中直接单击虚线层，线型就更改好了，如图 6-13 所示。

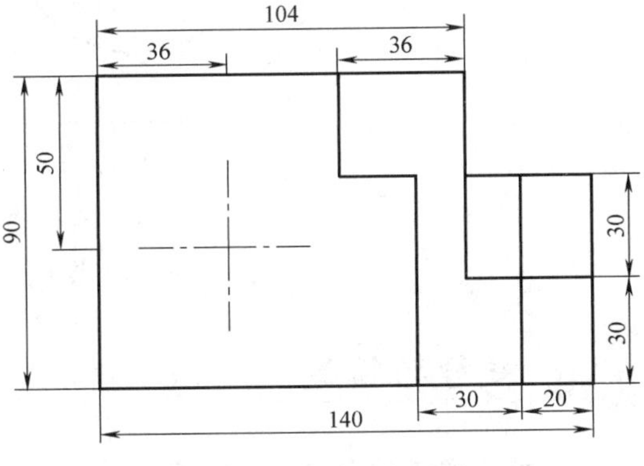

图 6-9　直线部分图形

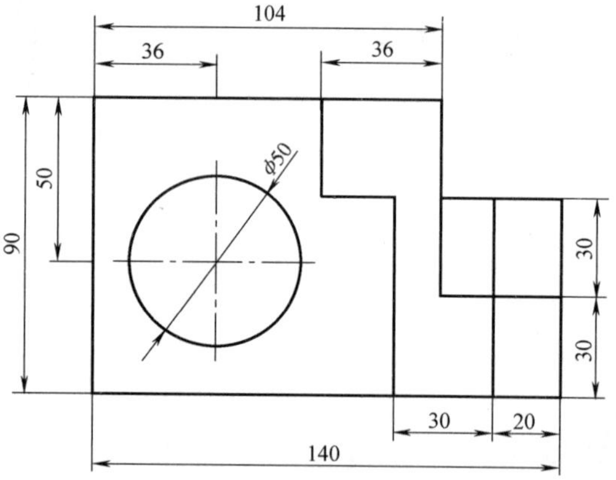

图 6-10　画圆后的图形

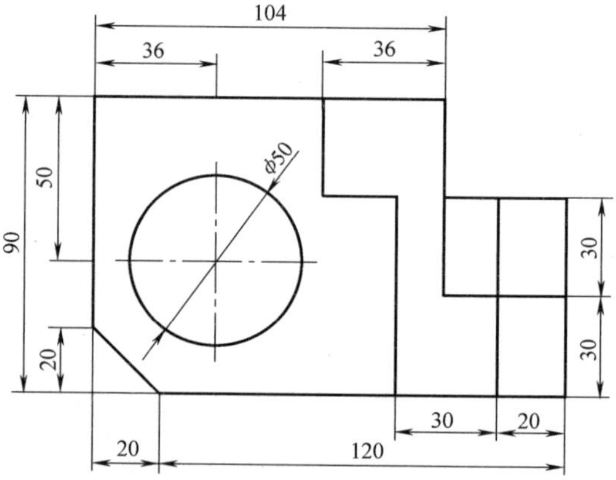

图 6-11　倒角后的图形

图 6-12　【图层特性管理器】窗口

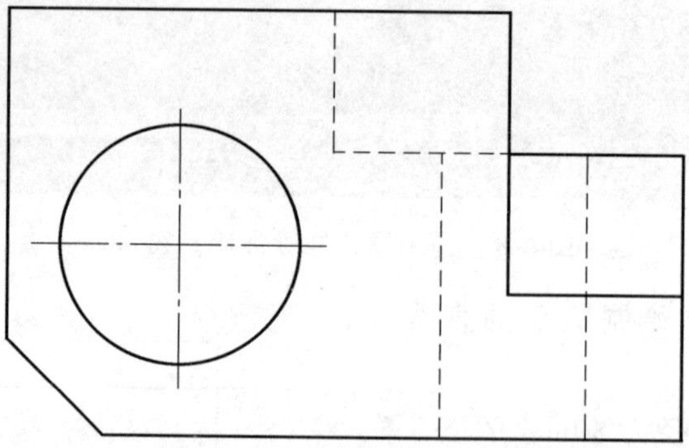

图 6-13　完成图形

思考与练习

根据尺寸要求绘制图 6-14、图 6-15 所示图形。

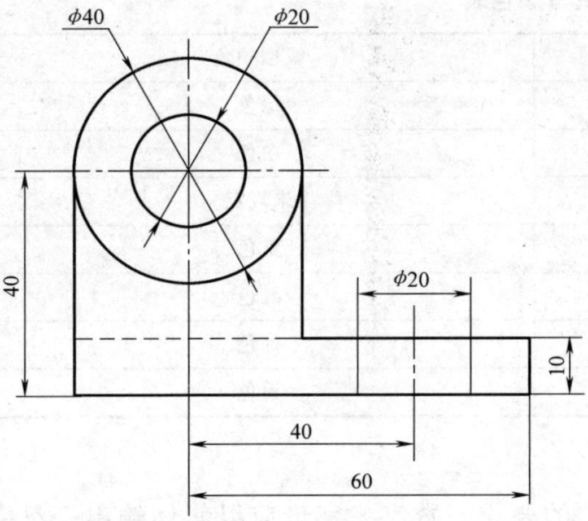

图 6-14　练习一

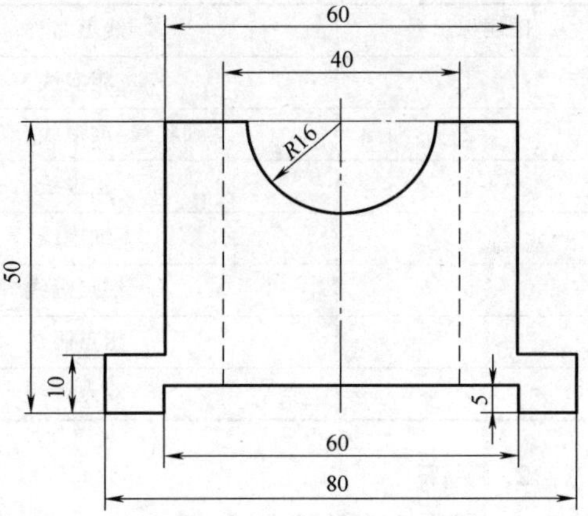

图 6-15　练习二

知识链接　机械 CAD 制图基本规则

国家标准规定了机械 CAD 的制图规则，它适用于在计算机及其外围设备中显示、绘制、打印机械工程图样及有关的技术文件。

1. 图线

CAD 中的图线除应遵照《GB/T 17450—1998》中的规定外，还应符合以下规定：

1）图线组别应按表 6-1 的规定选取。

表 6-1　CAD 中图线组别

组别	1	2	3	4	5	一般用途
线宽/mm	2	1.4	1	0.7	0.5	粗实线、粗点画线
	1	0.7	0.5	0.35	0.25	细实线、波浪线、双折线、虚线、细点画线、双点画线

2）重合图线的优先顺序。

当两个以上不同类型的图线重合时应遵守以下优先顺序：

① 可见轮廓线和棱线（粗实线）。

② 不可见轮廓线和棱线（虚线）。

③ 剖切平面迹线（细点画线）。

④ 轴线和对称中心线（细点画线）。

⑤ 假想轮廓线（双点画线）。

⑥ 尺寸界线和分界线（细实线）。

3）图线颜色。

屏幕上显示图线一般应按照表 6-2 中提供的颜色来显示，相同类型的图线应采用同样的颜色，并划分图层。

表 6-2　分层标识与颜色表

图层标识号	线型名称	线型颜色
1	粗实线	绿色
2	细实线、波浪线、双折线	白色
3	粗虚线	（未规定）
4	细虚线	黄色
5	细点画线	红色
6	粗点画线	棕色
7	双点画线	粉色

2. 字体

CAD 中的字体应符合《GB/T 14691—1993》的要求。数字、字母应以斜体输出，汉字用正体，并采用国家正式公布和推行的简化字。小数点、标点符号应占一个字位（省略号和破折号占两个字位）。字高与图幅关系见表 6-3。

表 6-3　字高与图幅关系

图幅	A0	A1	A2	A3	A4
字高 *h*	5mm		3.5mm		
h = 汉字、字母及数字的高度					

3. 尺寸终端形式

机械 CAD 制图中使用的尺寸终端形式（箭头）一般参照《GB/T 4458.4—2003》中的规定。

任务七

圆弧连接图形

学习目标

1. 会使用圆弧命令操作。
2. 会使用圆角命令操作。
3. 会使用修剪、断开等常用编辑命令操作。
4. 灵活应用已学命令画简单圆弧连接图形。

活动任务

按照尺寸要求绘制如图 7-1 所示图形。

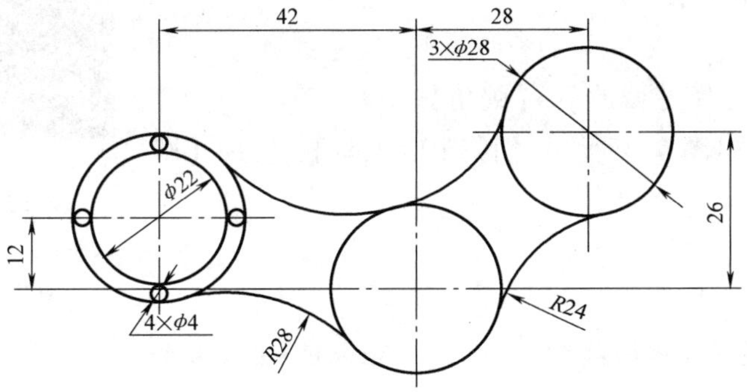

图 7-1　圆弧连接图形

相关知识

一、圆弧

在 Auto CAD 中绘制圆弧的方法有十多种，默认的方法是指定三点画圆法，即通过起点、圆弧上一点和端点来画圆，默认情况下将按逆时针方向绘制圆弧。

1. 圆弧命令调用方法

1）命令：Arc。

2）下拉菜单：选择【绘图】→【圆弧】。

3）图标：单击如图7-2所示【绘图】工具栏上的【圆弧】按钮。

2. 操作方式

键入命令：Arc。

指定圆弧的起点或［圆心(C)］：(选择要画圆弧的圆心)。

指定圆弧的第二个点或［圆心(C)/端点(E)］：(选择圆弧的第二点)。

指定圆弧的端点：(选择圆弧的第三点)。

注意：在选择时要注意顺序，逆时针方向选择和顺时针方向选择同样三点，画出的图形是不相同的。

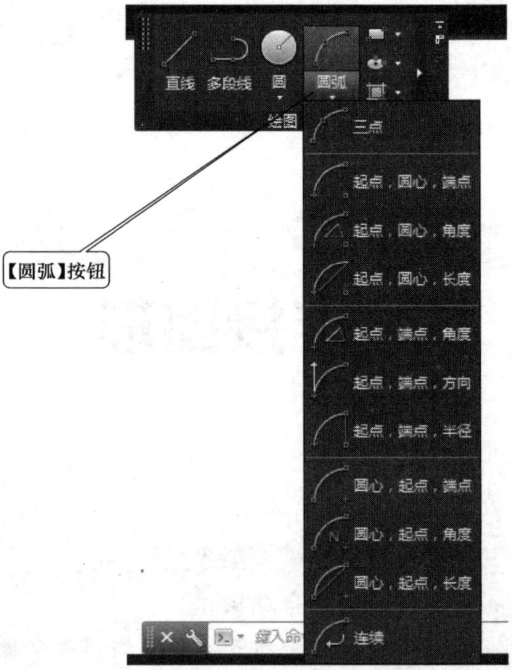

图7-2 【圆弧】图标

二、圆角

圆角命令和倒角命令类似，区别在于倒角命令是在切断处用直线段连接，而圆角命令则用圆弧将切断处光滑地连接起来。

1. 圆角命令调用方法

1）命令：Fillet。

2）下拉菜单：选择【修改】→【圆角】。

3）图标：单击如图7-3所示【修改】工具栏上的【圆角】按钮。

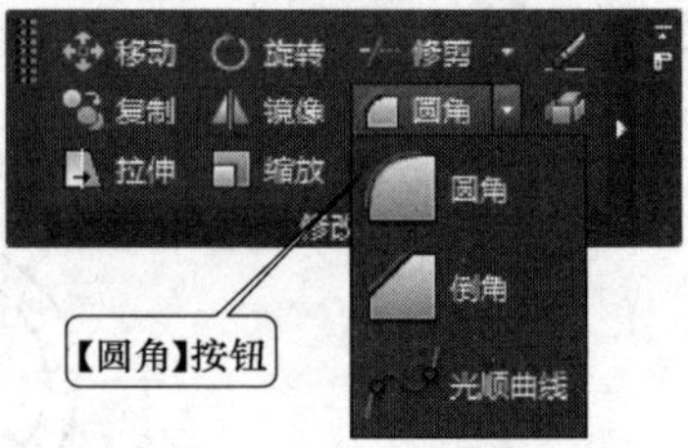

图7-3 【圆角】图标

2. 操作方式

键入命令：Fillet。

选择第一个对象或［多段线(P)/半径(R)/修剪(T)/多个(U)］：r（输入“r”半径字母）。

指定圆角半径 <0.0000>：10(输入具体半径的数值，这里以“10”为例)。

选择第一个对象或［多段线(P)/半径(R)/修剪(T)/多个(U)］：(直接用鼠标左键单击第一根线段)。

选择第二个对象：(直接用鼠标左键单击第二根线段)。

三、修剪

修剪命令是将超出边界的多余部分修剪掉，与橡皮擦的功能相似，修剪操作可以修改直线、圆、圆弧、多段线、样条曲线、射线和填充图案等。

1. 修剪命令调用方法

1）命令：Trim/Tr。

2）下拉菜单：选择【修改】→【修剪】。

3）图标：单击如图 7-4 所示【修改】工具栏上的【修剪】按钮。

2. 操作方式

如要把图 7-5 所示图形变成图 7-6 所示图形，操作步骤如下：

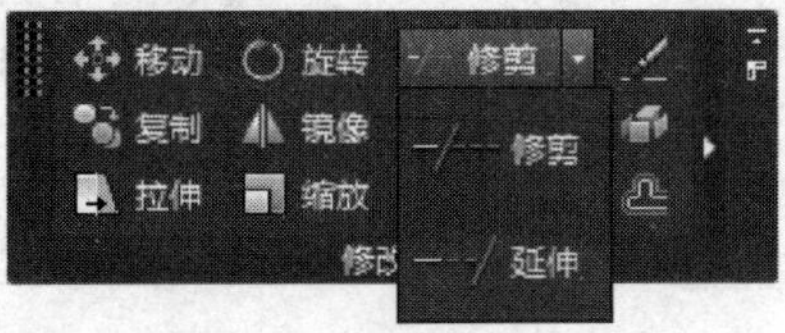

图 7-4　【修剪】图标

1）方法一：

键入命令：Trim（或用其他命令）。

命令行提示：选择对象。

可以采用框选，把整个图形全部选中，确定（或按回车键）。然后用鼠标单击要修剪的各线段，即完成修剪。

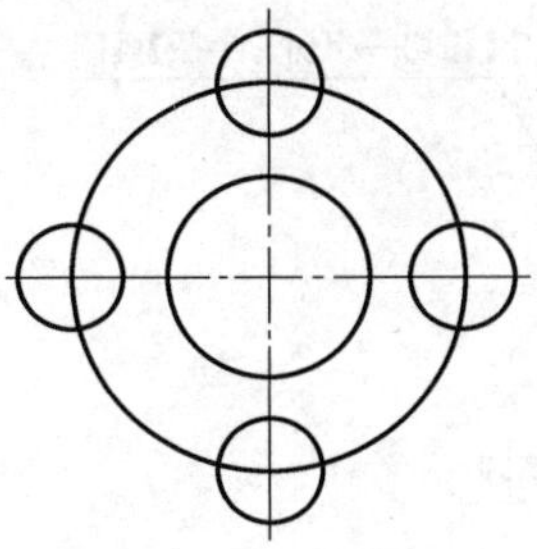

图 7-5　原图

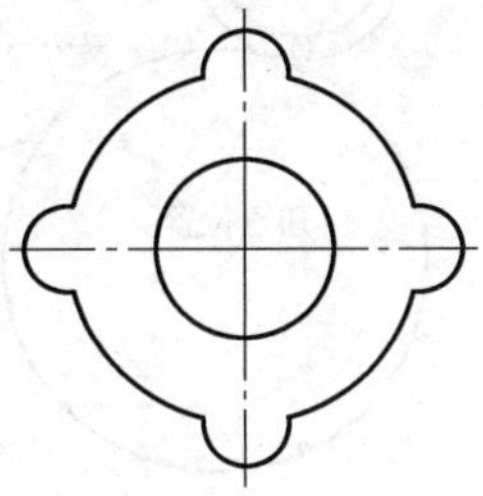

图 7-6　修剪后的图形

2）方法二：比较简单，单击如图 7-4 所示【修改】工具栏上的【修剪】按钮，再单击鼠标右键，最后单击要修剪的各线段，即完成修剪。

活动步骤

【步骤一】 设置图层。

（轮廓线层）0：颜色设置为绿色、线型为 continuous、线宽为 0.35mm。

（中心线层）L1：颜色设置为红色、线型为 center、线宽为默认。

（尺寸标注层）L2：颜色设置为白色、线型为 continuous、线宽为默认。

【步骤二】 画中心线和已知圆。采用【两点画圆】命令，如图 7-7 所示。

【步骤三】 画连接圆弧，如图 7-8 所示。

注意：在选择切点时，要注意位置。选取的切点要在正确位置附近，不能偏离太远，否则画出的圆不是所要的。

【步骤四】 修剪多余线段，如图 7-9 所示。

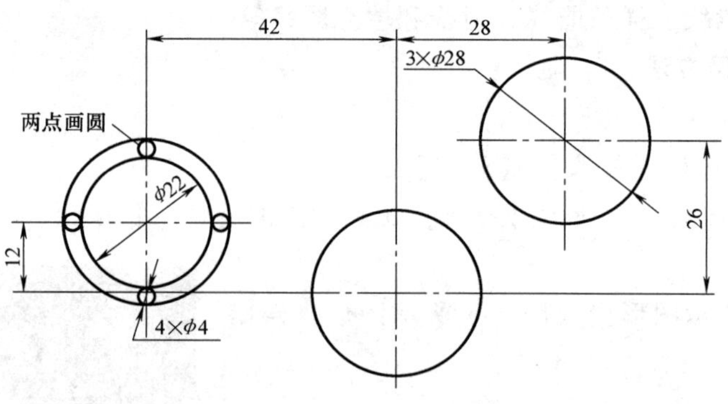

图 7-7　画中心线和已知图

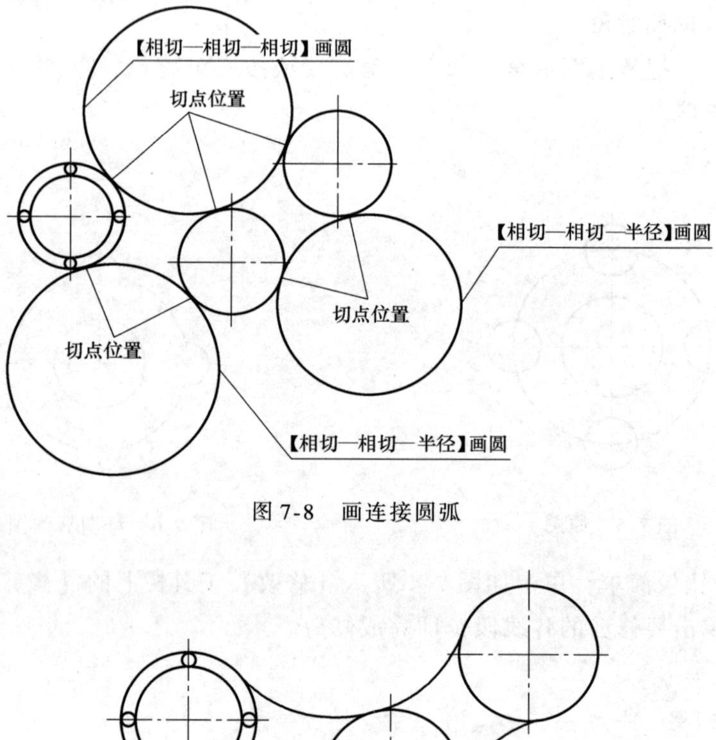

图 7-8　画连接圆弧

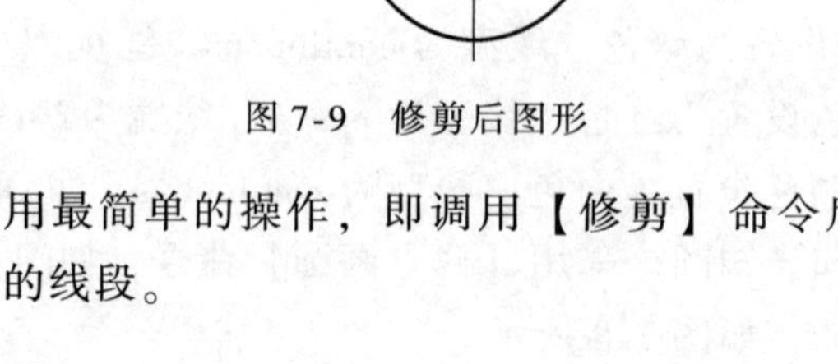

图 7-9　修剪后图形

注意：在修剪时可以用最简单的操作，即调用【修剪】命令后，按下鼠标右键，然后用鼠标左键去选择不需要的线段。

思考与练习

按照尺寸要求绘制如图 7-10 ~ 图 7-13 所示图形。

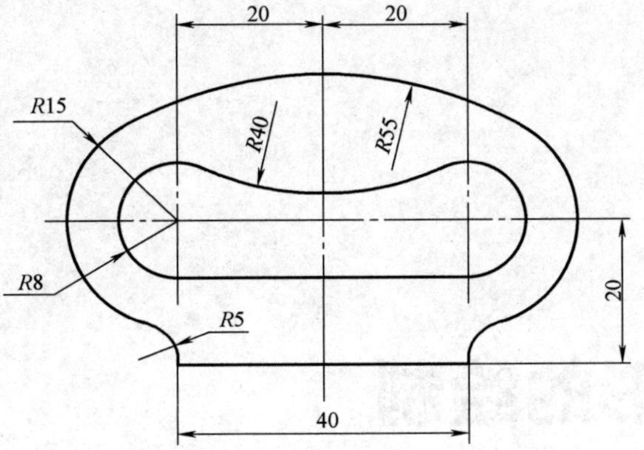

图 7-10 练习一

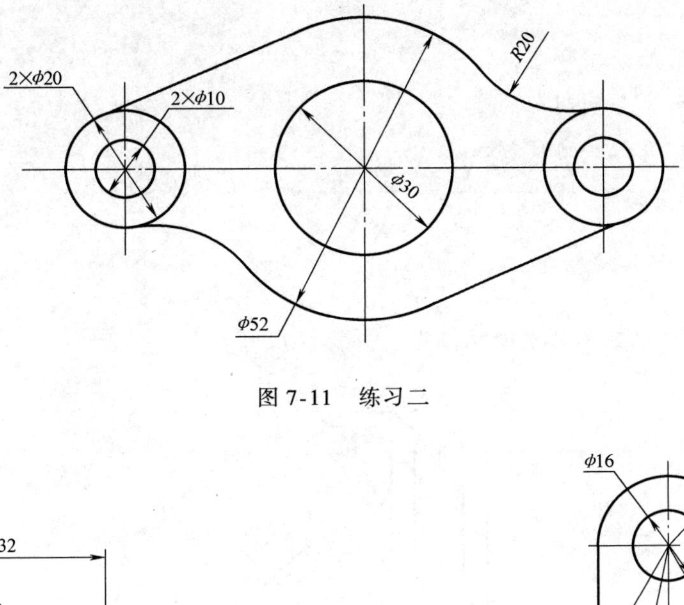

图 7-11 练习二

图 7-12 练习三

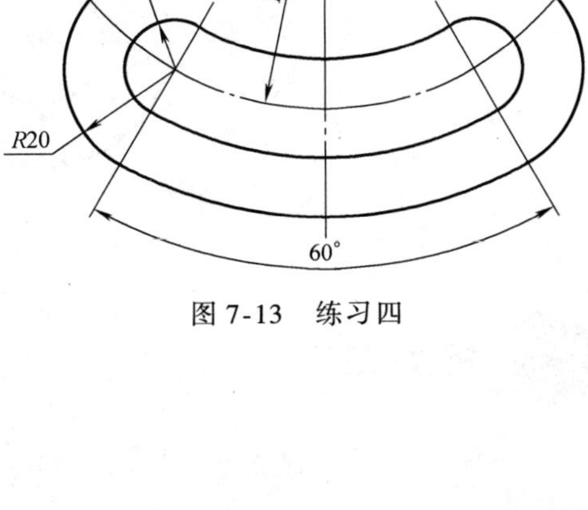

图 7-13 练习四

任务八

圆弧图形的绘制

学习目标

1. 巩固圆和圆弧绘制命令。
2. 会运用圆角命令倒圆角。
3. 学会半径、直径和角度标注。

活动任务

按照尺寸要求绘制如图 8-1 所示图形，并标注尺寸。

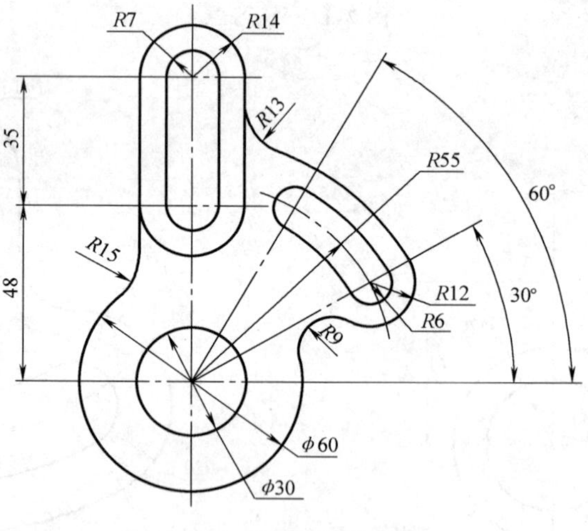

图 8-1 圆弧图形

相关知识

工程标注是零件制造、工程施工和零部件装配时的重要依据。在任何一幅工程图中，工程标注都是不可缺少的重要部分。在 AutoCAD 中，尺寸标注的要素与我国工程图绘制标准一致，由尺寸线、尺寸界线、尺寸文本和箭头等构成。

一、半径、直径尺寸标注

半径、直径尺寸标注主要是标注圆或圆弧的半径和直径。

1. 命令调用方法

1）命令：Dimradius（半径）；Dimdiameter（直径）。

2）下拉菜单：选择【标注】→【半径（或直径）】。

3）图标：单击如图 8-2 所示【标注】工具栏上的【半径】或【直径】按钮。

2. 操作方式

1）键入命令：Dimradius。

2）选择圆弧或圆：单击要标注的圆或圆弧，然后拖曳到合适位置，单击鼠标左键即可。

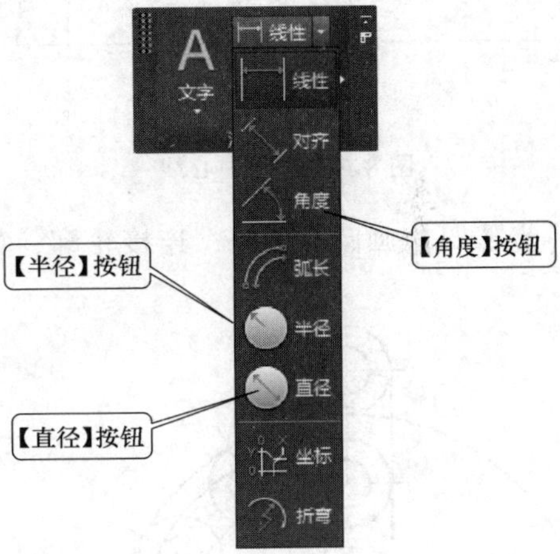

图 8-2　【半径】、【直径】、【角度】图标

二、角度尺寸标注

角度尺寸标注主要是标注直线之间的夹角或一些特定的角度。

1. 命令调用方法如下：

1）命令：Dimangular。

2）下拉菜单：选择【标注】→【角度】。

3）图标：单击如图 8-2 所示【标注】工具栏上的【角度】按钮。

2. 操作方式

1）键入命令：Dimangular。

2）选择圆弧、圆、直线或 <指定顶点>：单击第一根线段。

3）选择第二条直线：单击第二根线段，然后拖曳到合适位置，单击鼠标左键即可。

活动步骤

【步骤一】 设置图层。

① 0（轮廓线）层：线型设置为实线，颜色设置为绿色，线宽为 0.3mm。

② 中心线层：线型设置为点画线，颜色设置为红色，默认线宽。

③ 尺寸线层：线型设置为实线，颜色设置为白色，默认线宽。

【步骤二】 在中心线层绘制中心线，确定各圆的圆心位置，如图 8-3 所示。

【步骤三】 在 0（轮廓线）层绘制已知圆，圆形轮廓如图 8-4 所示。

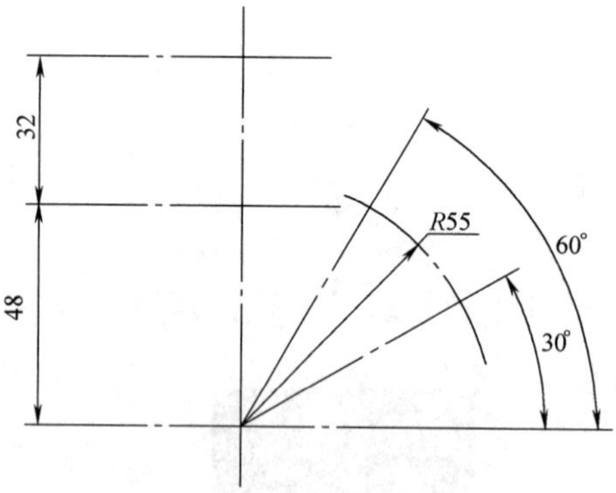

图 8-3　绘制中心线

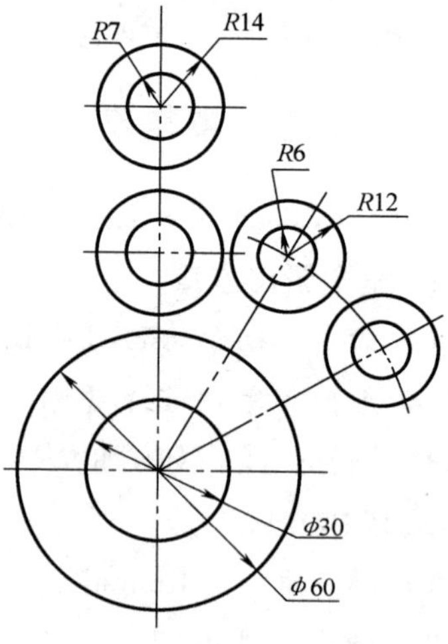

图 8-4　圆形轮廓

【步骤四】画圆弧切线，连接轮廓，如图 8-5 所示。

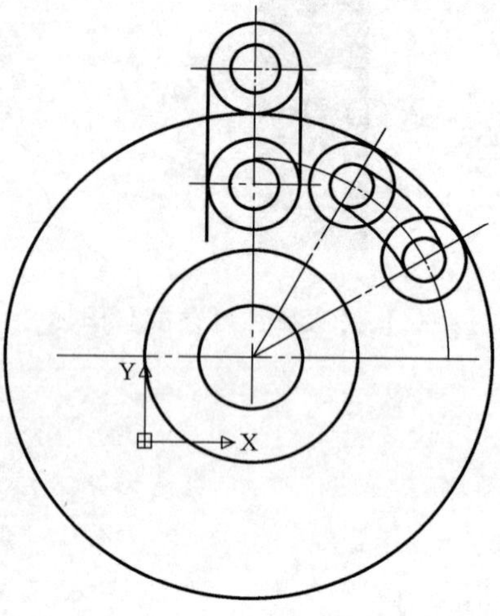

图 8-5　连接轮廓

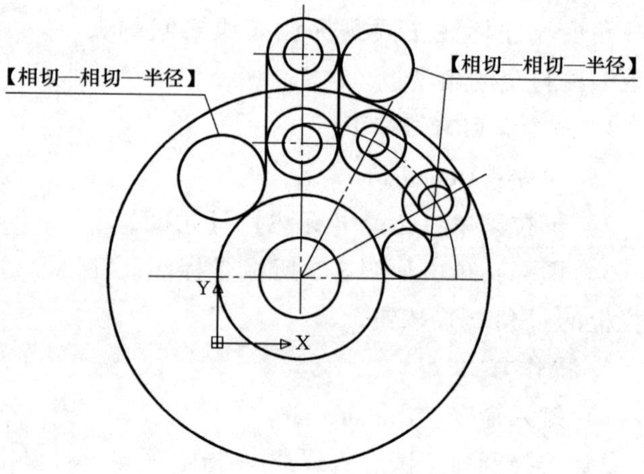

图 8-6　轮廓圆角连接

【步骤五】画圆角轮廓圆角连接如图 8-6 所示。

【步骤六】修剪后图形如图 8-7 所示。

【步骤七】最后按制图标准调整中心线长短等，完成图形的绘制，如图 8-8 所示。

【步骤八】标注尺寸，完成图 8-1 所示图形。

思考与练习

按照尺寸要求绘制如图 8-9 ~ 图 8-11 所示图形，并标注尺寸。

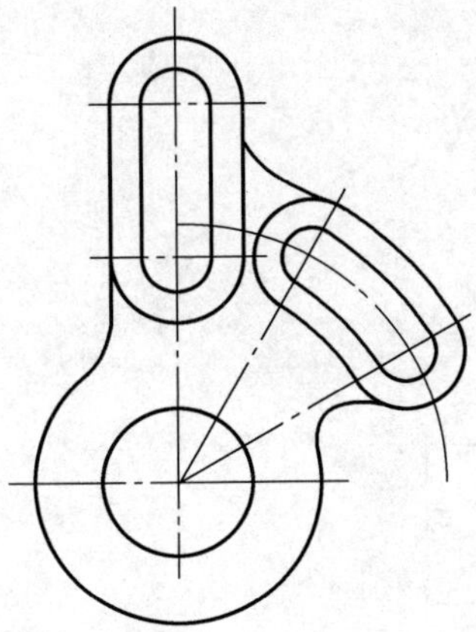

图 8-7　修剪后图形

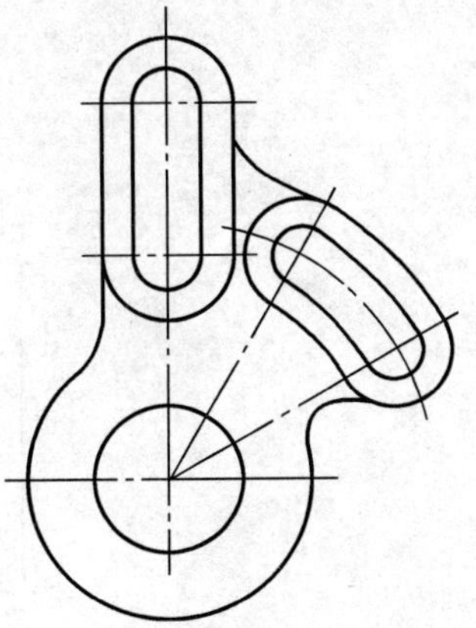

图 8-8　完成图形

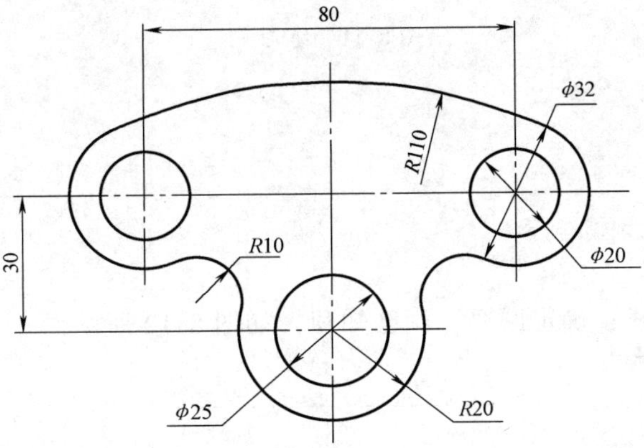

图 8-9　练习一

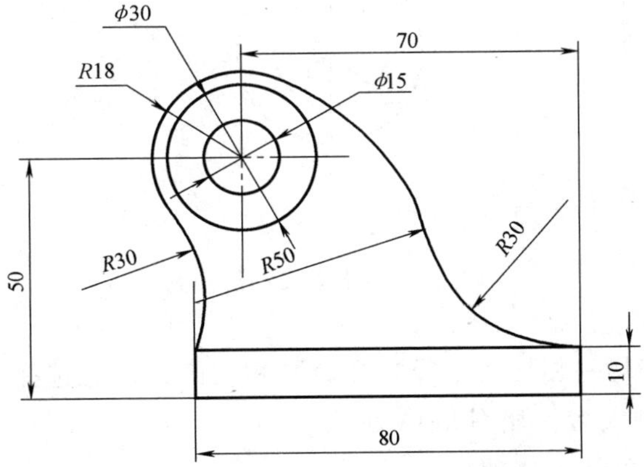

图 8-10　练习二

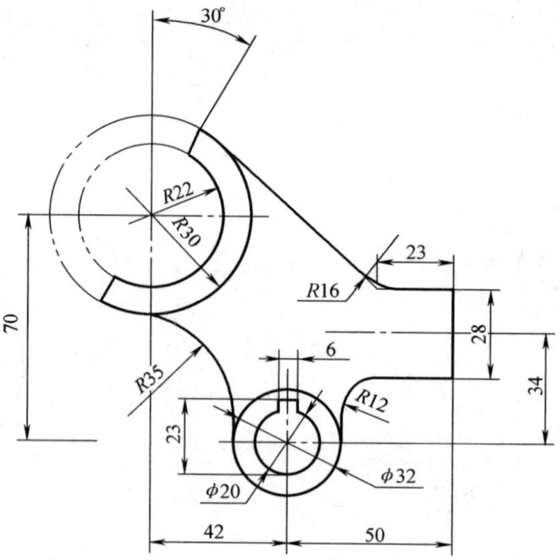

图 8-11　练习三

知识链接

练习一　操作提示。

【步骤一】 画中心线，确定圆心，画已知圆，如图 8-12 所示。

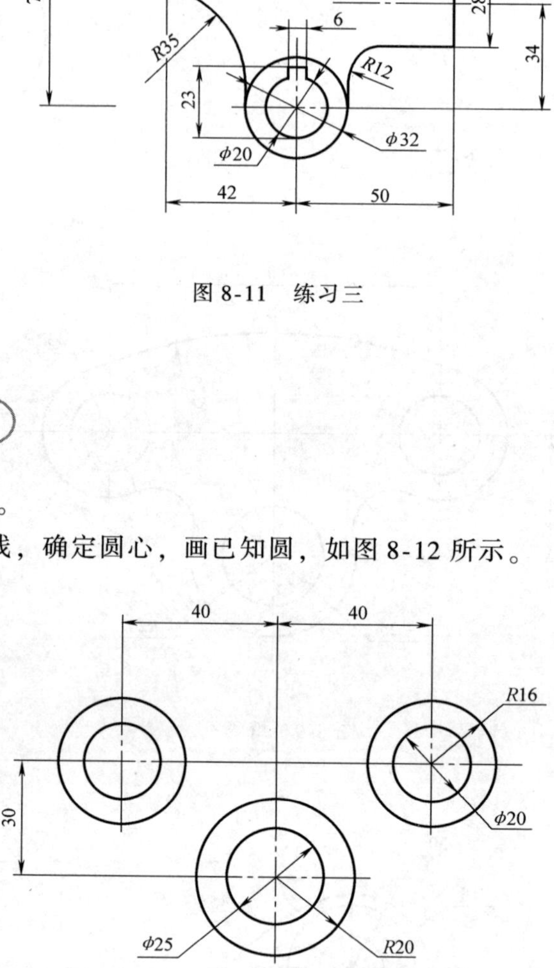

图 8-12　画中心线和已知圆

【步骤二】 利用【相切—相切—半径】命令画相切圆，注意选择切点时基本选在确切的切点附近，距离不能相差太多，如图 8-13 所示。

【步骤三】 把不需要的线条修剪掉。

【步骤四】 调整好中心线的长短使其符合制图国家标准，如图 8-14 所示。

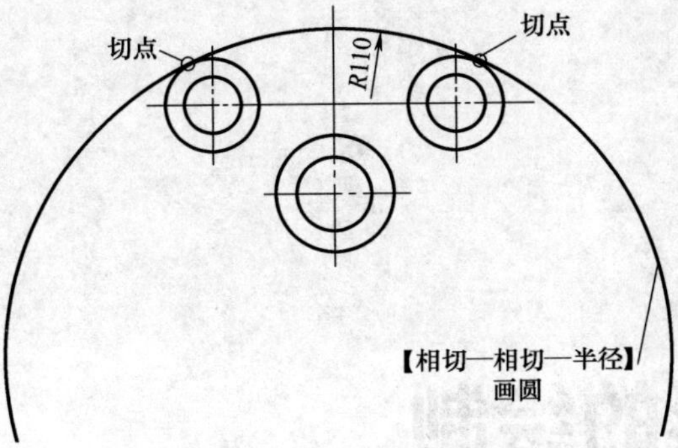

图 8-13　圆弧连接

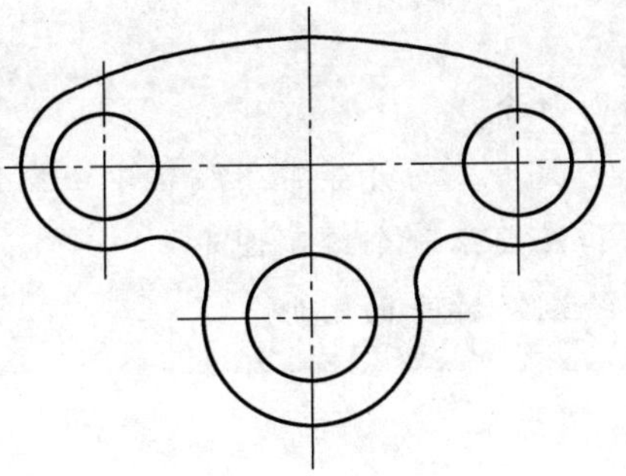

图 8-14　完成图形

任务九

对称图形的绘制

学习目标

1. 巩固已学圆和圆弧绘图命令。
2. 熟练掌握偏移、修剪、圆角、断开等常用编辑命令操作。
3. 学会使用镜像、椭圆和椭圆弧命令绘制图形。
4. 会灵活运用所学命令绘制对称平面图形。

活动任务

按照尺寸要求绘制如图 9-1 所示手柄。

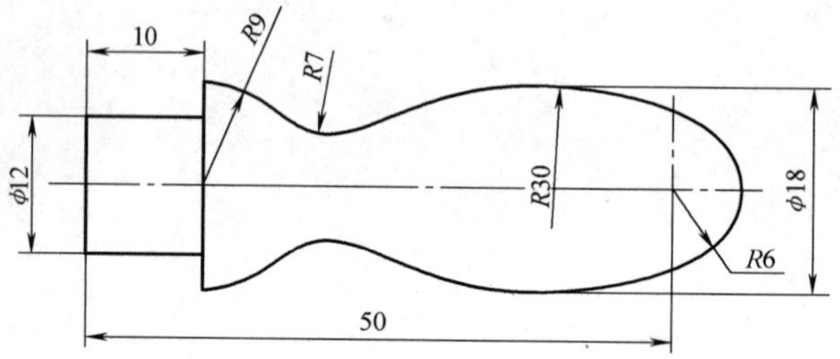

图 9-1　手柄

相关知识

一、镜像

镜像命令可以得到被选对象关于指定轴线的对称副本，该命令主要用于绘制对称图形。在绘制过程中，对于对称图形，可以先绘制它的一半图形，然后通过镜像就可以快速地完成整个图形。

1. 镜像命令调用方法

1）命令：Mirror。

2）下拉菜单：选择【修改】→【镜像】。

3）图标：单击如图 9-2 所示【修改】工具栏上的【镜像】按钮。

图 9-2 【镜像】图标

2. 操作方式（图 9-3）

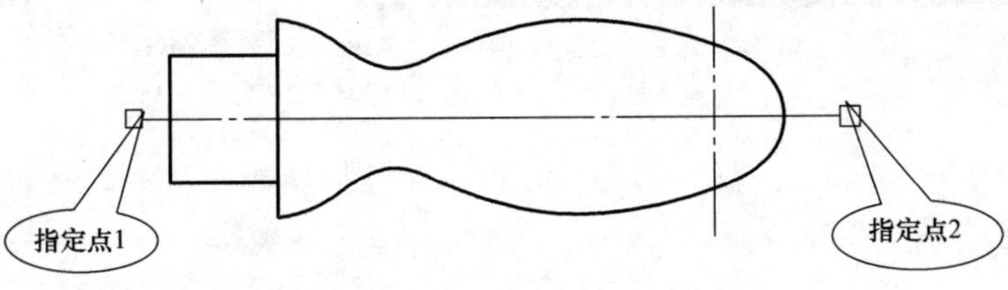

图 9-3 【镜像】命令操作方式

1）键入命令：Mirror。

2）选择对象：(选取要镜像的对象，可以选多个对象)。

3）指定镜像线的第一点：(指定镜像轴线的第一点)。

4）指定镜像线的第二点：(指定镜像轴线的第二点)。

5）是否删除源对象？[是（Y)/否（N)] <N>：(直接按回车键或输入“Y”按回车键或“N”按回车键)。

注意：在“是否删除源对象？[是（Y)/否（N)] <N>:”的提示下直接按回车键或输入“N”再按回车键，则在创建镜像副本的同时保留源像的对象；如输入“Y”，则在创建镜像后副本的同时会删除源镜像的对象。

二、椭圆和椭圆弧

在几何学中，圆是椭圆的一种特例。椭圆有两根相互垂直的轴线，较长的称为长轴，较短的称为短轴。从圆心出发，到轴线的端点称为半轴。当长轴和短轴相等时就是一个圆。椭圆命令既可以画一个完整的椭圆，也可以画椭圆的一部分，即椭圆弧。

1. 椭圆命令调用方法

1）命令：Ellipse。

2）下拉菜单：选择【绘图】→【椭圆】。

通过下拉菜单绘制椭圆，在【椭圆】后面有三个子菜单，分别对应椭圆的三种绘图方式，可以根据作图需要进行选择，如图 9-4 所示。

3）图标：单击如图 9-5 所示【修改】工具栏上的【椭圆】按钮和【椭圆弧】按钮。

2. 操作方式

AutoCAD 中提供了三种绘制椭圆的方法，对应于椭圆菜单下的三个子菜单。

1）单击【绘图】→【椭圆】→【中心点】。

例题 1：用【中心点】法绘制长轴为 200mm、短轴为 80mm 的椭圆，如图 9-6 所示。

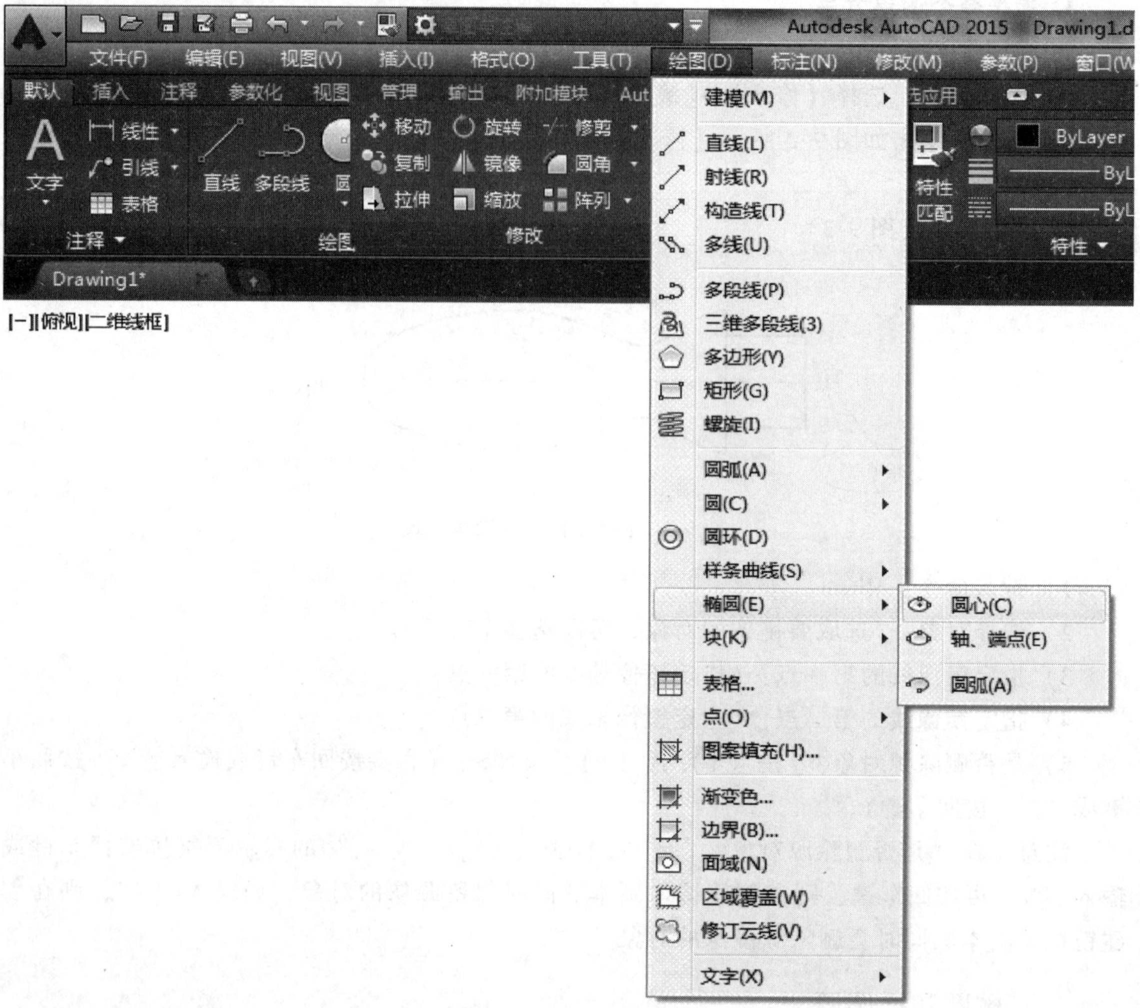

图 9-4 【椭圆】菜单

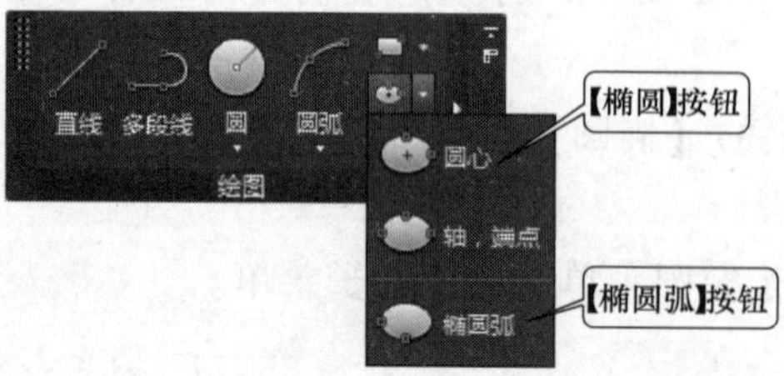

图 9-5 【椭圆】和【椭圆弧】图标

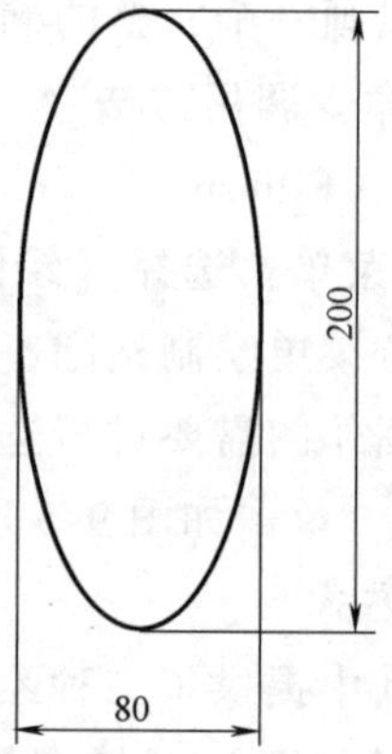

图 9-6 短轴 80mm、长轴 200mm 的椭圆

操作方式：

① 键入命令：Ellipse。

② 指定椭圆的轴端点或［圆弧（A）/中心点（C）］：C。

③ 指定轴的另一个端点：（@200，0）。

④ 指定另一条半轴长度或［旋转（R）］：50。

2）单击【绘图】→【椭圆】→【轴、端点】。

例题2：用【轴、端点】法绘制长轴为200mm、短轴为100mm的椭圆，如图9-7所示。

操作方式：

① 键入命令：Ellipse。

② 指定椭圆的轴端点或［圆弧（A）/中心点（C）］：（指定端点位置）。

③ 指定轴的另一个端点：（@200，0）。

④ 指定另一条半轴长度或［旋转（R）］：50。

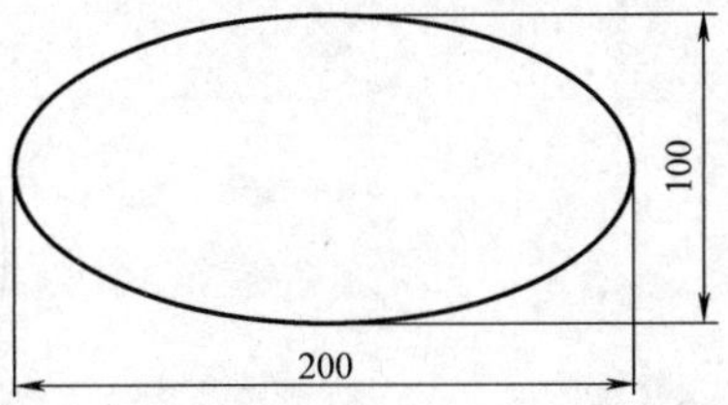

图9-7　长轴200mm、短轴100mm的椭圆

3）单击【绘图】→【椭圆】→【圆弧】。

椭圆弧的绘制就是在画完椭圆以后，取该椭圆的一部分。具体操作方法与椭圆绘制方式相似，指定椭圆弧的角度即可。

活动步骤

【步骤一】设置图层及线型，见表9-1。

表9-1　设置图层及线型

图层	线形	颜色	线宽/mm
0(轮廓线)层	实线	绿色	0.3
中心线层	点画线	红色	默认

【步骤二】画中心线及已知直线、圆弧，如图9-8所示。

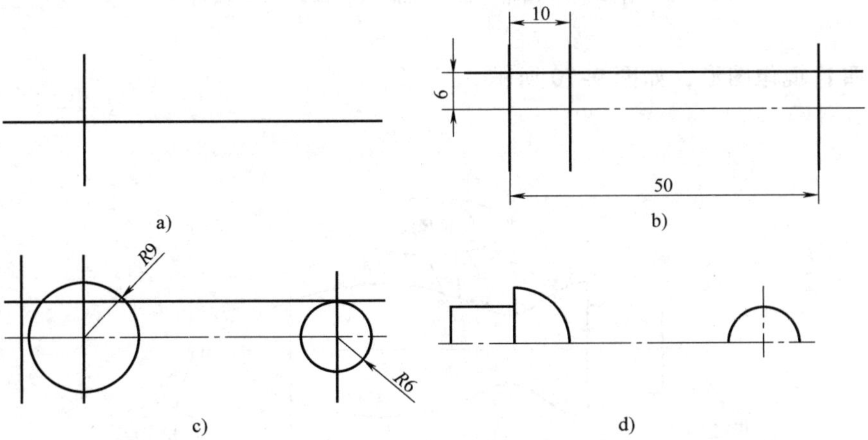

图9-8　已知圆弧、直线的画图步骤

a）画垂直相交直线　b）偏移　c）画已知圆$R9$mm、$R6$mm　d）修剪

【步骤三】画连接圆弧 $R30$mm，如图 9-9 所示。

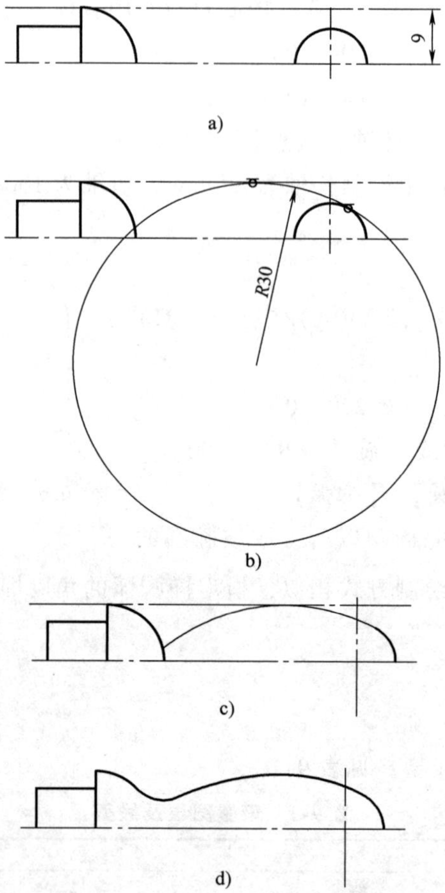

图 9-9　连接圆弧的画图步骤

a）偏移　b）画相切圆 $R30$mm　c）修剪　d）圆角

【步骤四】镜像图形，如图 9-10 所示。

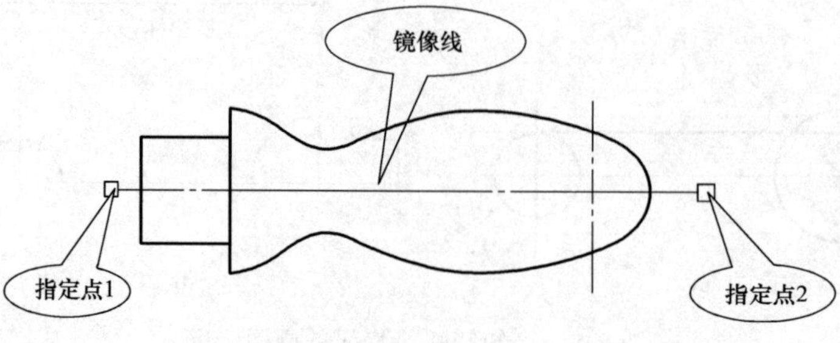

图 9-10　镜像图形

思考与练习

按照尺寸要求绘制如图 9-11、图 9-12 所示图形。

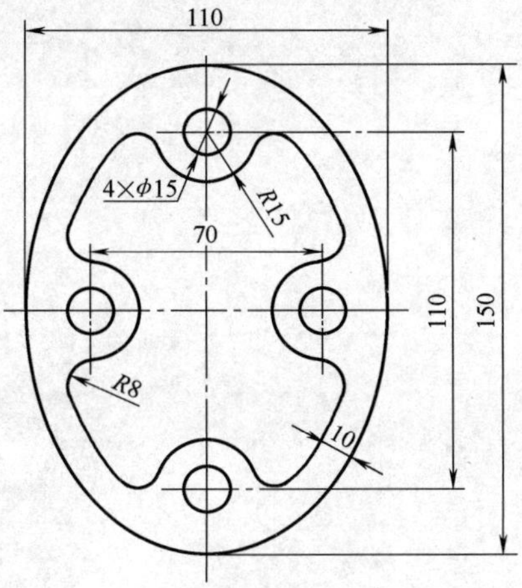

图 9-11　练习一

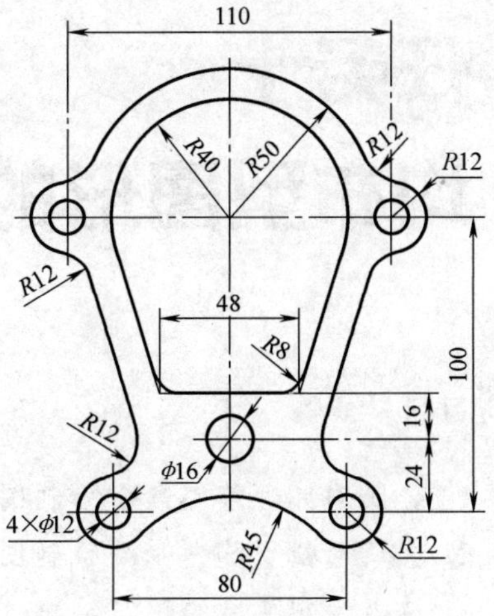

图 9-12　练习二

任务十
均布型图形的绘制

学习目标

1. 会使用环形阵列命令绘制图形。
2. 会使用矩形阵列命令绘制图形。
3. 灵活运用已学绘图与编辑命令绘制平面图形。

活动任务

按照尺寸要求绘制如图 10-1 所示模板和如图 10-2 所示端盖。

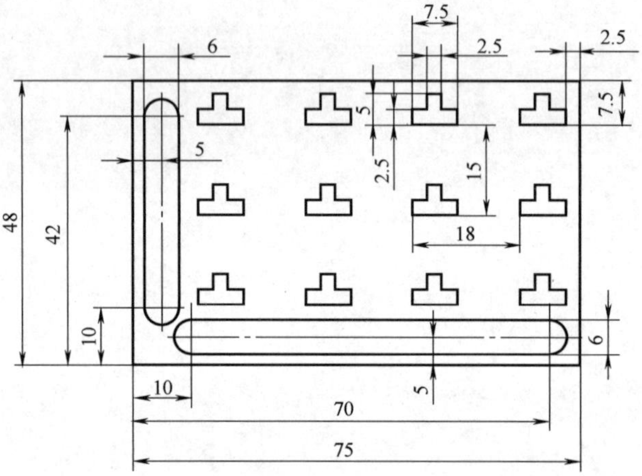

图 10-1　模板

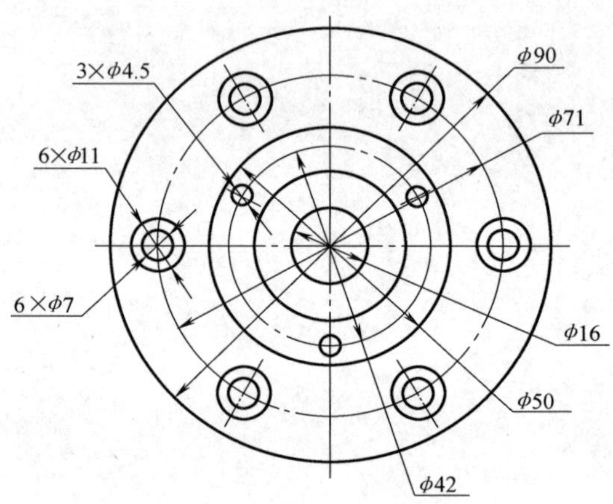

图 10-2　端盖

相关知识

阵列命令可以将已有的图形有效地复制成有一定规则的图形，该功能十分强大。在 AutoCAD 中，阵列有环行阵列和矩形阵列两种。所谓矩形阵列（Rectangular Array）是一个由若干行与若干列组成的方阵。环行阵列（Polar Array）是指阵列中的元素围绕某一个中心点排列的。两种不同阵列复制的结果如图 10-3 所示。

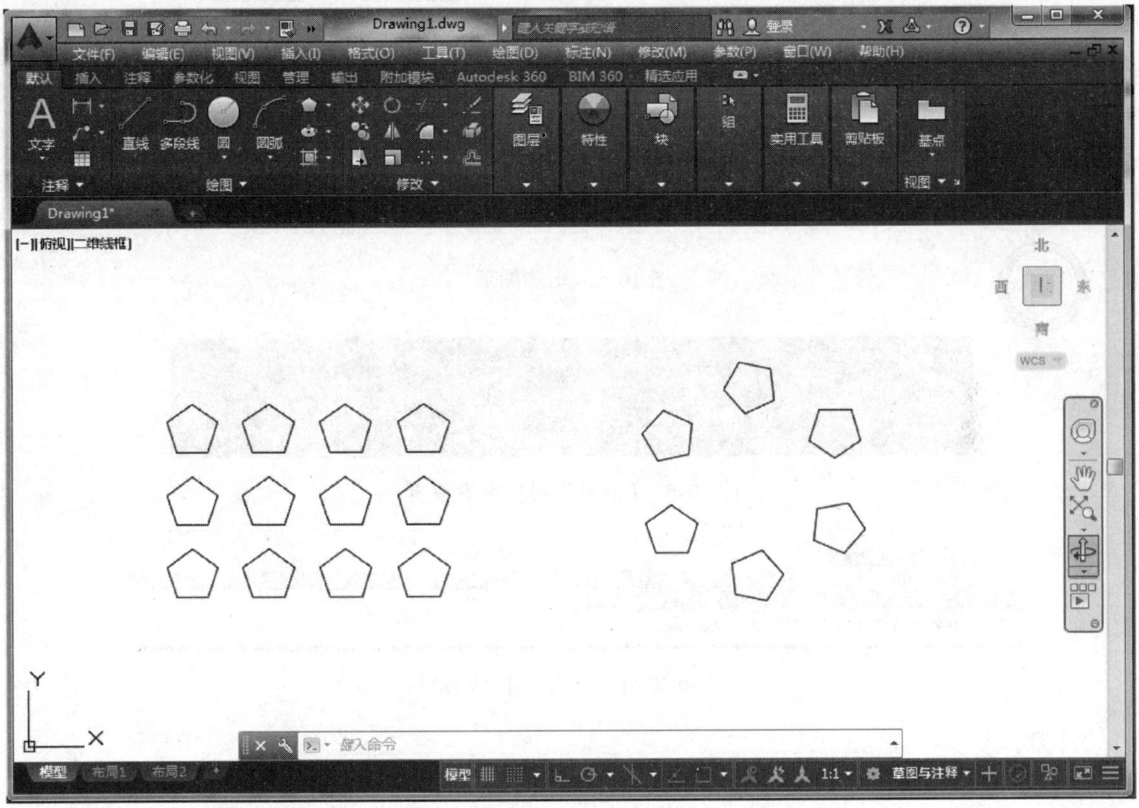

图 10-3　矩形阵列和环形阵列示意图

1. 阵列命令调用方法

1）命令：Array。

2）下拉菜单：选择【修改】→【阵列】。

3）图标：单击如图 10-4 所示【修改】工具栏上的【矩形阵列】按钮。

图 10-4　【矩形阵列】图标

2. 操作方式

（1）矩形阵列　以图 10-5 所示矩阵图形为例，参数设置如图 10-6 所示，状态栏如图 10-7所示，按照对话框及状态栏中提示内容依次完成即可。

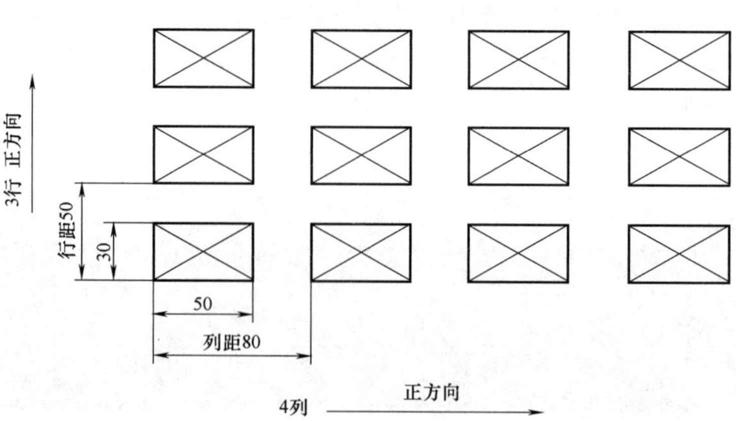

图 10-5　矩阵图形

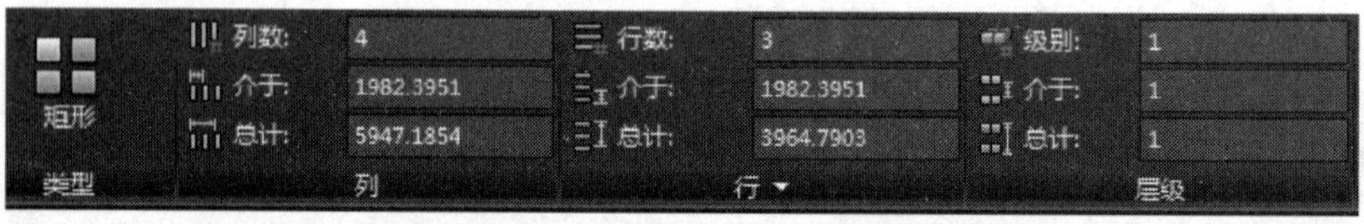

图 10-6 【矩形阵列】参数设置

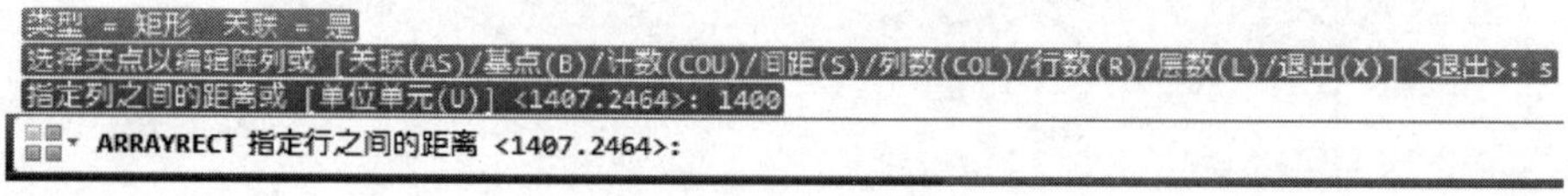

图 10-7 【矩形阵列】状态栏

注意：

1）矩形阵列中行数指阵列有几个水平组，而列数指阵列中有几个垂直组。

2）行数和列数的默认值均为 1，但行数和列数均为 1 的阵列就是原始实体本身，所以在输入行数和列数时，最多只能有一个为 1。

（2）环形阵列　环形阵列命令的调用与矩形阵列相同，具体操作是在对话框中选择【环形阵列】，然后按照对话框内提示内容依次完成即可。

注意：

1）输入环形阵列的覆盖角度时，正值表示沿逆时针方向阵列，负值表示沿顺时针方向阵列，默认值为 360°阵列。

2）在对话框中勾选【复制时旋转项目】，则表示阵列时实体要按照其相对于阵列中心的位置旋转，不勾选则实体不做旋转。

活动步骤

1. 图 10-1 所示模板的绘制步骤

【步骤一】 设置图层及线型，见表 10-1。

表 10-1　设置图层及线型

图层	线形	颜色	线宽/mm
0(轮廓线)层	实线	绿色	0.3
中心线层	点画线	红色	默认

【步骤二】综合运用所学知识绘制图形外轮廓，如图 10-8 所示。

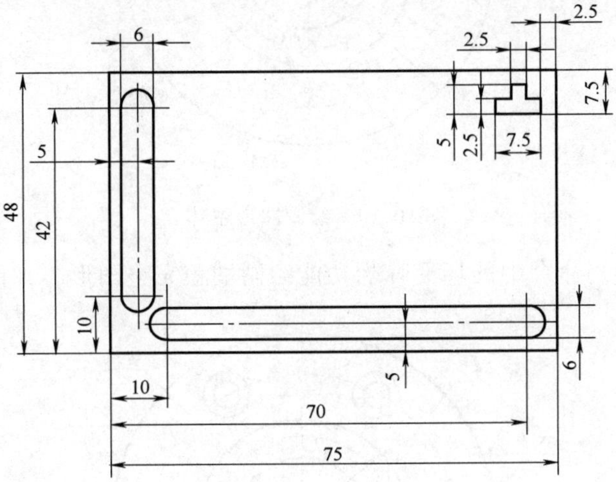

图 10-8　绘制图形外轮廓

【步骤三】利用阵列命令中的矩形阵列功能完成图形，如图 10-9 所示。

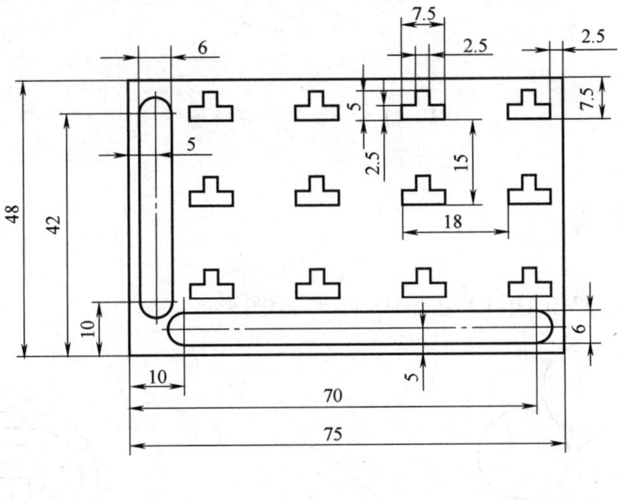

图 10-9　绘制完整图形

2. 图 10-2 所示端盖的绘制步骤

【步骤一】设置图层及线型，见表 10-1。

【步骤二】运用圆命令绘制图形主体，如图 10-10 所示。

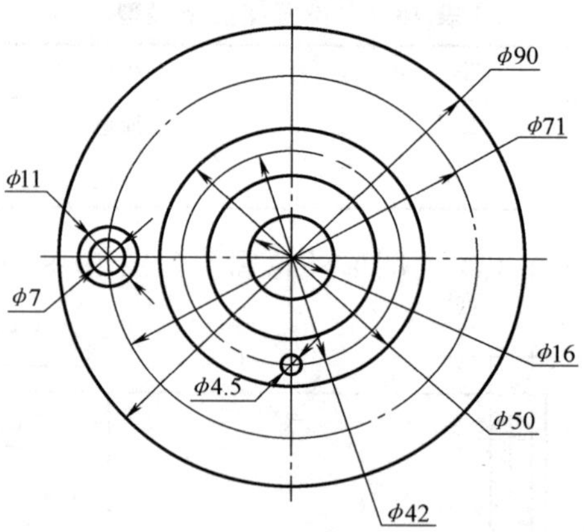

图 10-10　绘制图形主体

【步骤三】运用阵列命令中的环形阵列功能绘制端盖完整图形，如图 10-11 所示。

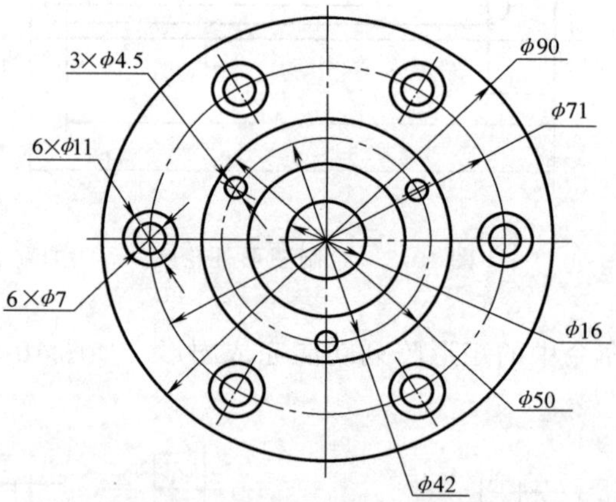

图 10-11　绘制端盖完整图形

思考与练习

按照尺寸要求绘制如图 10-12 ~ 图 10-15 所示图形。

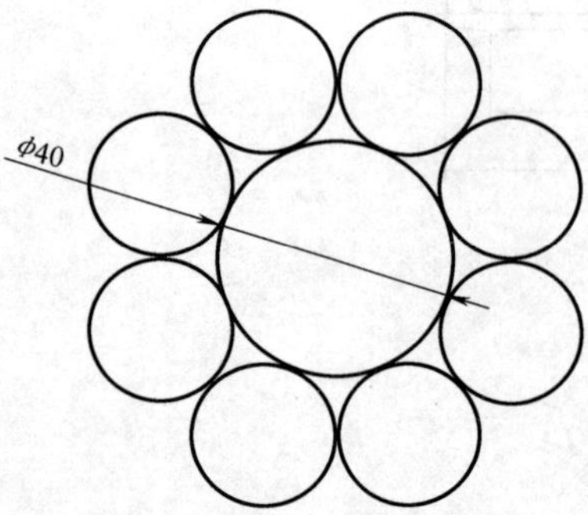

图 10-12　练习一

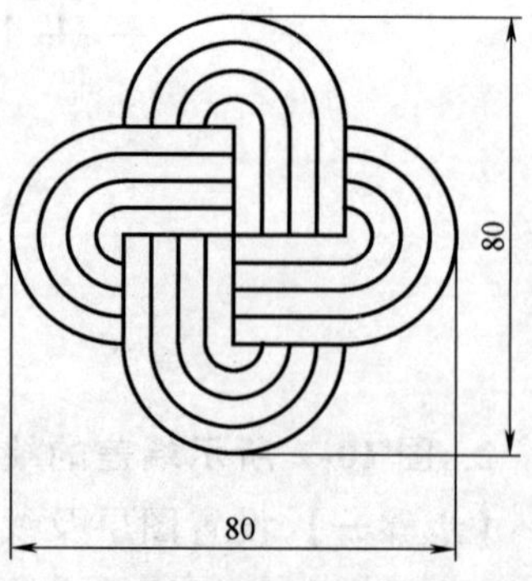

图 10-13　练习二

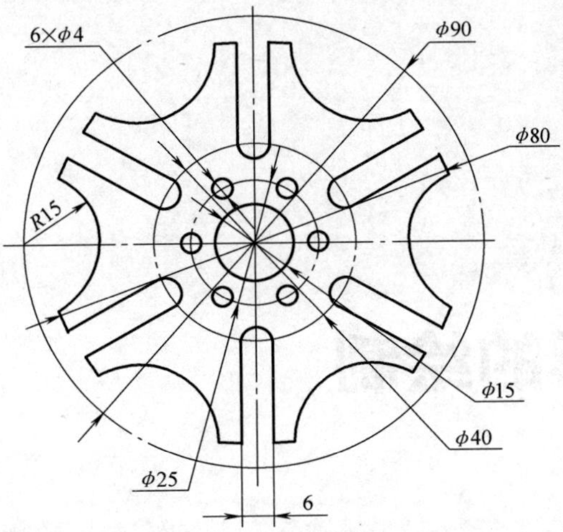

图 10-14　练习三

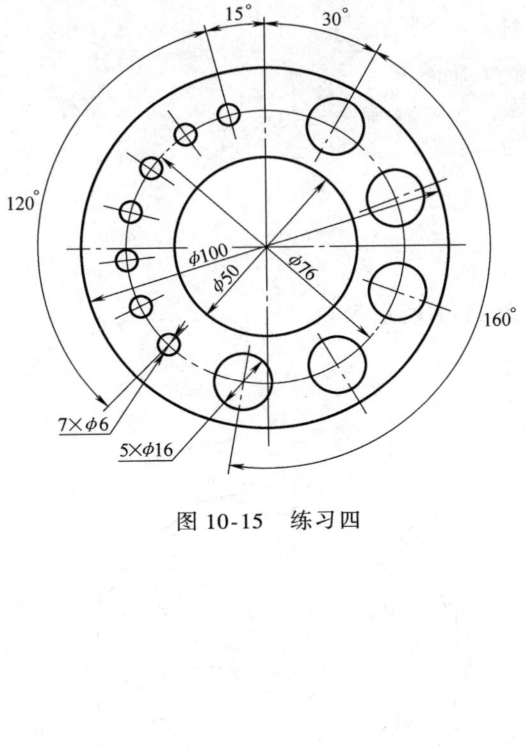

图 10-15　练习四

任务十一
等分图形的绘制

学习目标

1. 会进行点的样式设置。
2. 会单点和多点绘制。
3. 会进行定数等分和定距等分。
4. 灵活运用绘图与编辑命令绘制平面图形。

活动任务

按照尺寸要求绘制如图 11-1 所示棘轮。

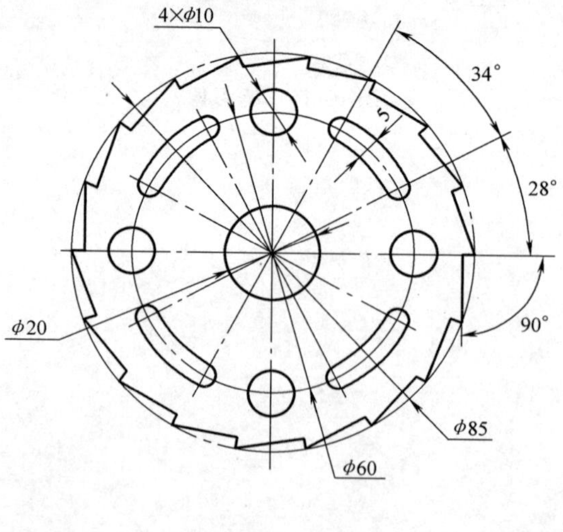

图 11-1　棘轮

相关知识

一、点样式

点样式命令用于设置点的不同显示形式。

1. 点样式命令调用方法

1）命令：Ddptype。

2）下拉菜单：选择【格式】→【点样式】，如图 11-2 所示。

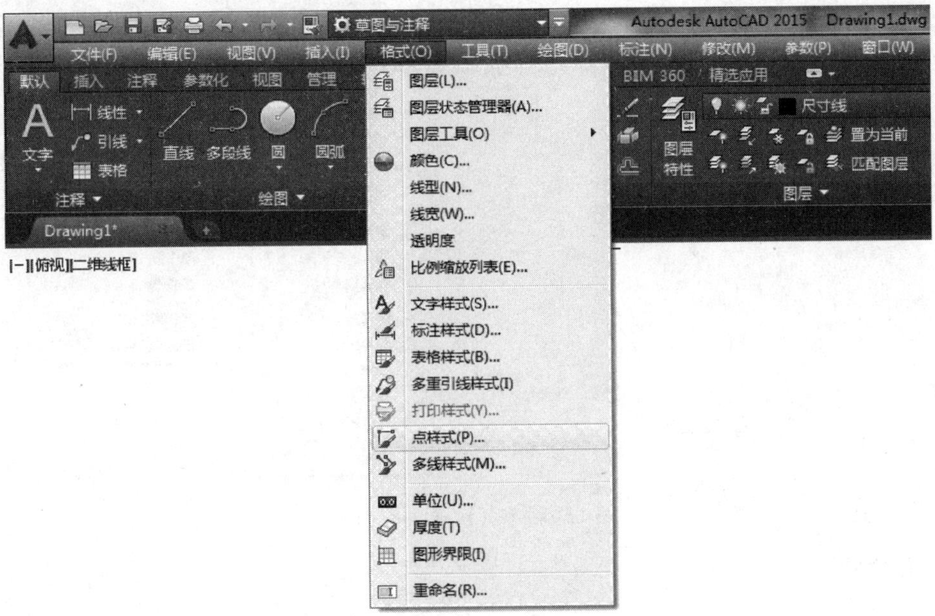

图 11-2　【点样式】下拉菜单

2. 操作方式

1）在对话框内选择合适的点样式，如图 11-3 所示。

2）输入合适的数值，调整点大小。

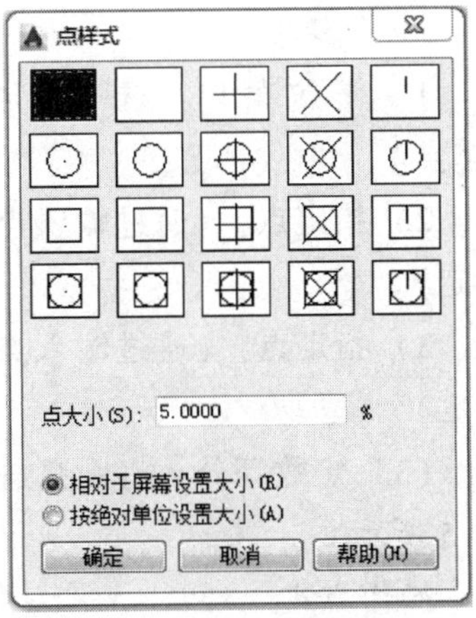

图 11-3　【点样式】对话框

二、点

点命令用于绘制点，绘制方式主要有单点、多点、定数等分和定距等分。

1. 点命令调用方法

1）下拉菜单：选择【绘图】→【点】→【单点】，如图 11-4 所示。

2）下拉菜单：选择【绘图】→【点】→【多点】，如图 11-4 所示。

3）下拉菜单：选择【绘图】→【点】→【定数等分】，如图 11-4 所示。

4）下拉菜单：选择【绘图】→【点】→【定距等分】，如图 11-4 所示。

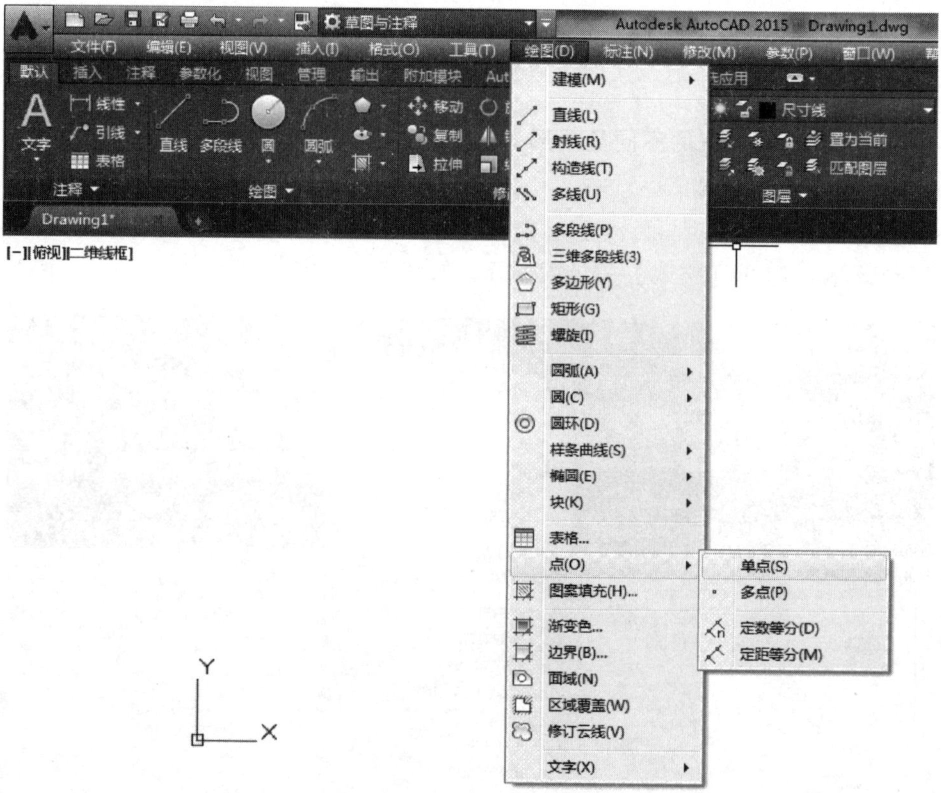

图 11-4 【点】命令的调用

2. 操作方式

（1）单点

1）下拉菜单：选择【绘图】→【点】→【单点】。

2）指定点：(通过输入点的坐标或用鼠标指定)。

（2）多点

1）下拉菜单：选择【绘图】→【点】→【多点】。

2）指定点：(通过输入点的坐标或用鼠标指定)。

3）指定点：(通过输入点的坐标或用鼠标指定)。

（3）定数等分　将圆弧进行 6 等分，如图 11-5 所示。

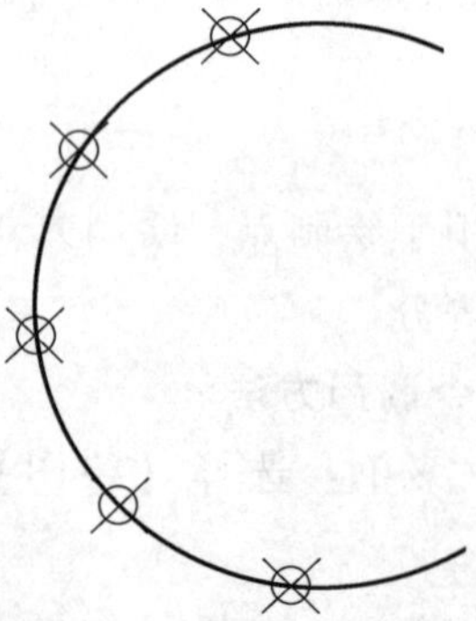

图 11-5　定数等分圆弧

操作方式：

1）下拉菜单：选择【绘图】→【点】→【定

数等分】。

2）选择要等分的对象：选择圆弧。

3）输入线段数目或［块（B）］：6。

（4）定距等分　将直线等分成每段距离为“30”，如图 11-6 所示。

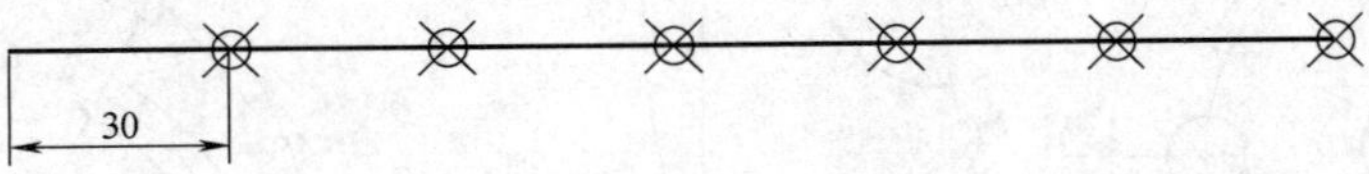

图 11-6　定距等分直线

操作方式：

1）下拉菜单：选择【绘图】→【点】→【定距等分】。

2）选择要定距等分的对角：选择直线。

3）指定线段长度或［块（B）］：30。

活动步骤

【步骤一】设置图层及线型，见表 11-1。

表 11-1　设置图层及线型

图层	线形	颜色	线宽/mm
0(轮廓线)层	实线	绿色	0.3
中心线层	点画线	红色	默认

【步骤二】综合运用【直线】、【圆弧】等命令绘制图形，如图 11-7 所示。

【步骤三】用【定数等分】命令将外轮廓分成 18 等分，如图 11-8 所示。

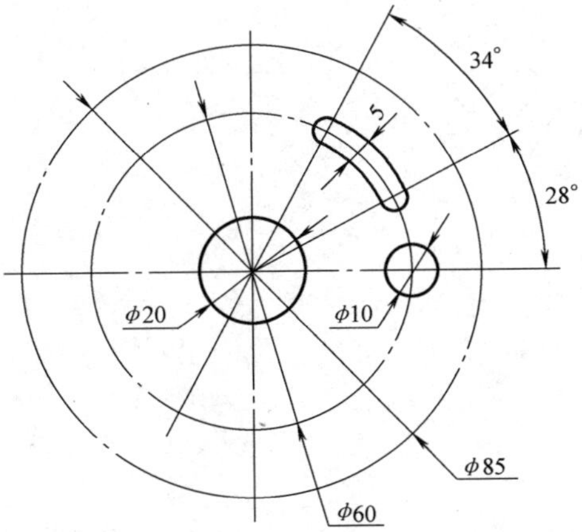

图 11-7　绘制图形

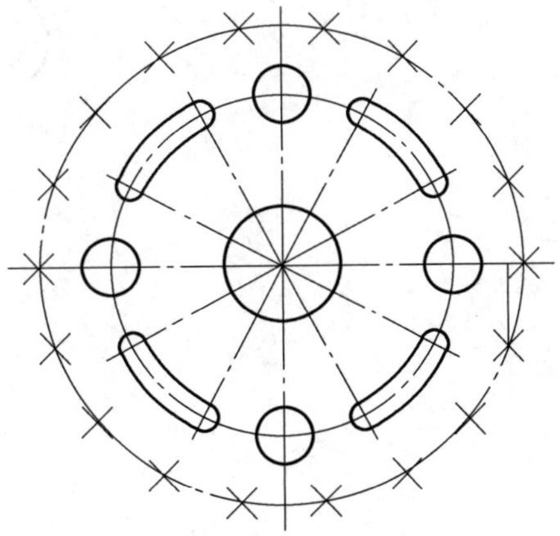

图 11-8　等分圆周

【步骤四】画棘齿，如图 11-9 所示。

【步骤五】阵列图形完成，如图 11-10 所示。

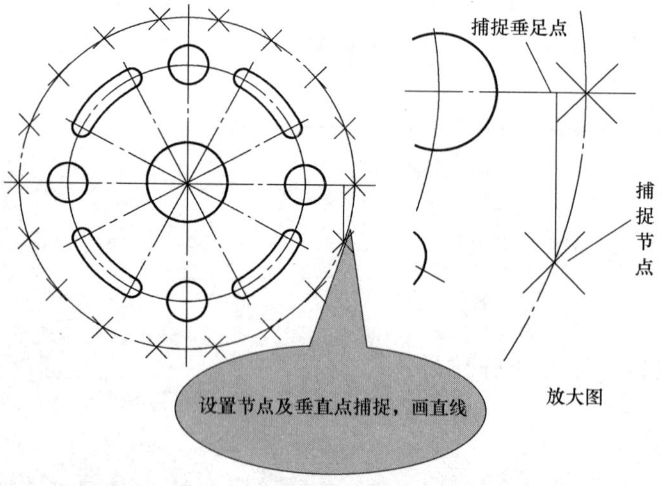

图 11-9　画棘齿

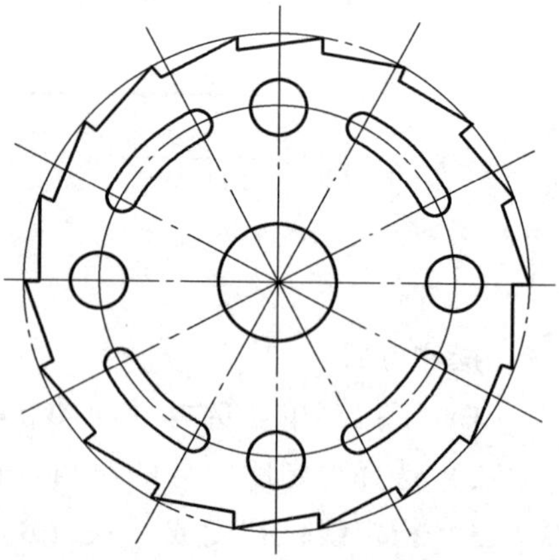

图 11-10　完成棘轮

思考与练习

按照尺寸要求绘制如图 11-11 所示图形。

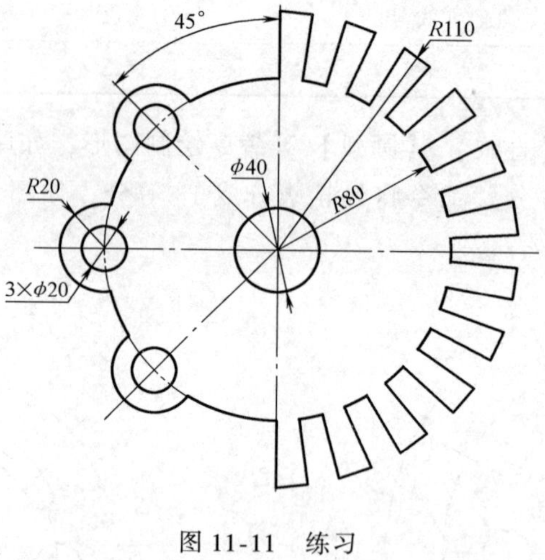

图 11-11　练习

任务十二 平面图形综合练习

学习目标

1. 熟练掌握二维绘图与编辑命令。
2. 灵活运用绘图命令绘制平面图形。
3. 灵活运用编辑命令绘制平面图形。

活动任务

按照尺寸要求绘制如图 12-1 所示图形。

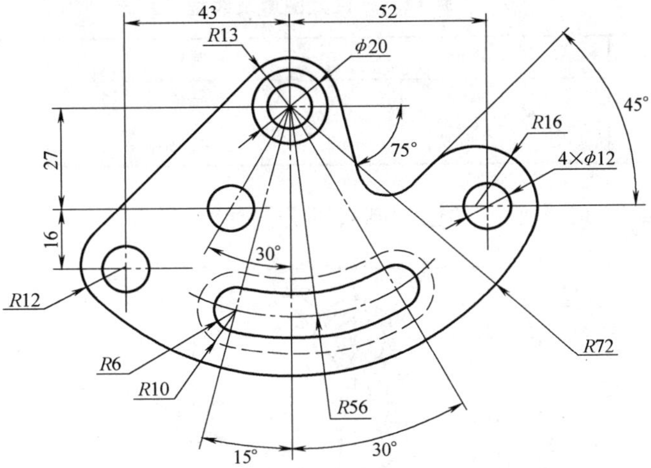

图 12-1　任务图形

相关知识

圆角

1. 圆角命令调用方法

1）命令：Fillet。

2）下拉菜单：【修改】→【圆角】。

3）图标：单击如图 12-2 所示【修改】工具栏上的【圆角】按钮。

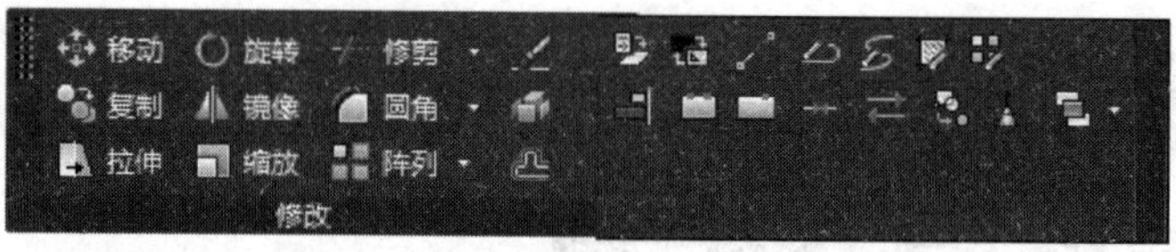

图 12-2 【修改】工具栏

2. 操作方式

1）键入命令：Fillet。

2）当前设置：模式 = 修剪，半径 = 1.0000。

3）选择第一个对象或［多段线（P）/半径（R）/修剪（T）/多个（U）］：（选择对象）。

4）选择第二个对象：（选择对象）。

注意：

圆角命令可以对圆角的模式以及半径值进行修改。

活动步骤

【步骤一】 设置图层及线型，见表 12-1。

表 12-1 设置图层及线型

图层	线形	颜色	线宽/mm
0(轮廓线)层	实线	绿色	0.3
中心线层	点画线	红色	默认

【步骤二】 画如图 12-3 所示的已知圆弧部分。

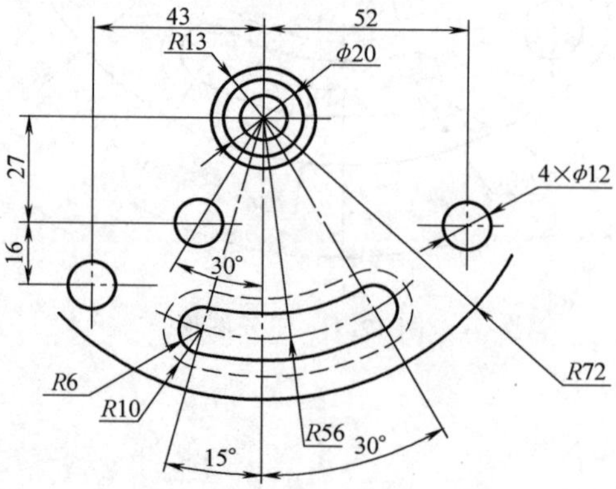

图 12-3 已知圆弧

【步骤三】　画如图 12-4 所示的相切圆弧 *R*12mm 和 *R*16mm。

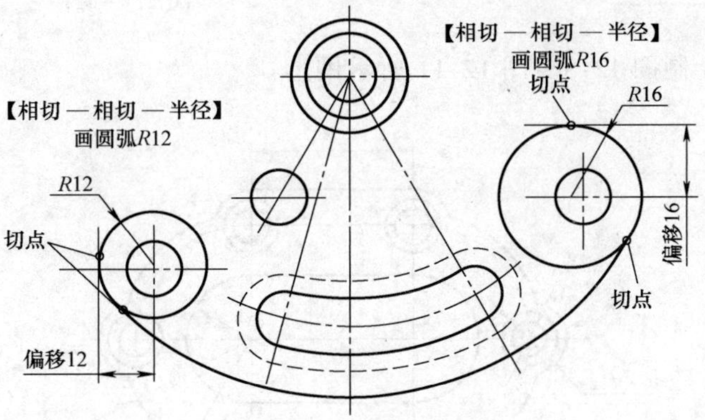

图 12-4　相切圆弧

【步骤四】　画如图 12-5 所示的相切直线。

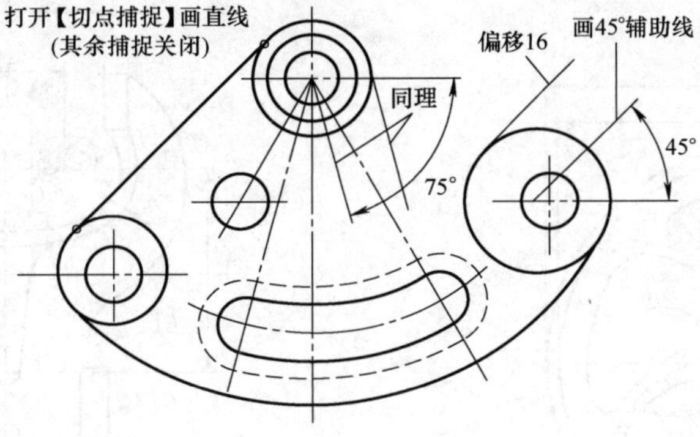

图 12-5　相切直线

【步骤五】　倒圆角 *R*8mm，如图 12-6 所示。

【步骤六】　修剪，如图 12-7 所示。

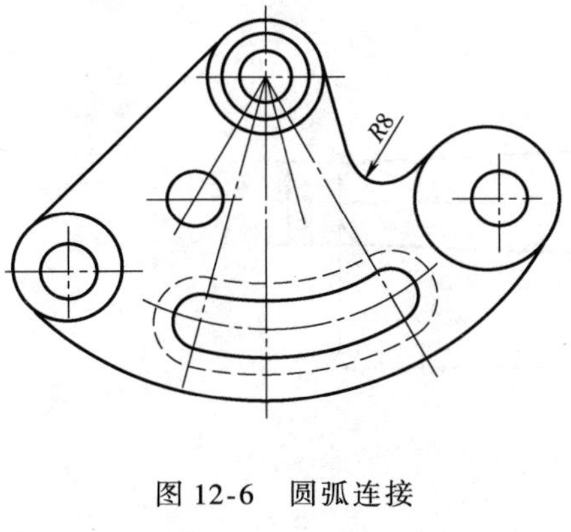

图 12-6　圆弧连接

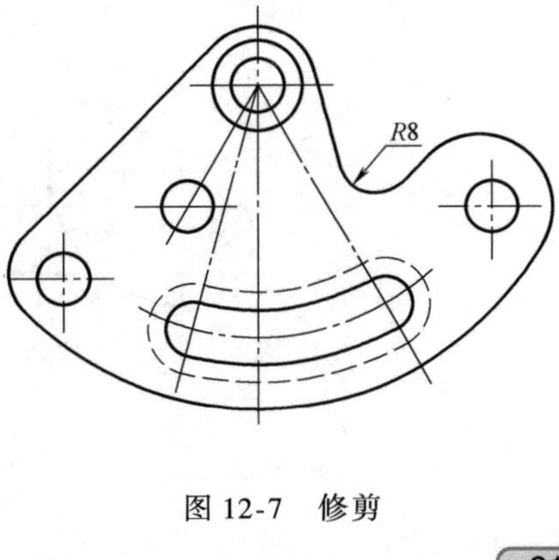

图 12-7　修剪

思考与练习

按照尺寸要求绘制图 12-8 ~ 图 12-11 所示图形。

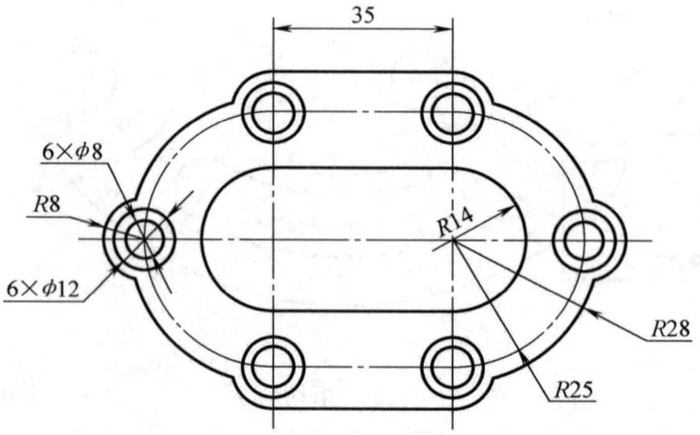

图 12-8　练习一

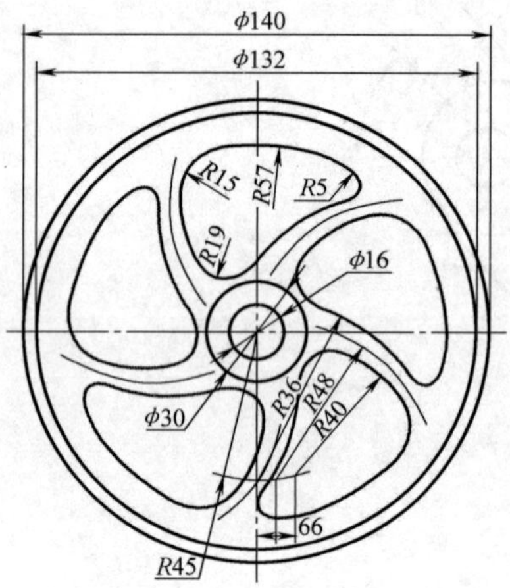

图 12-9　练习二

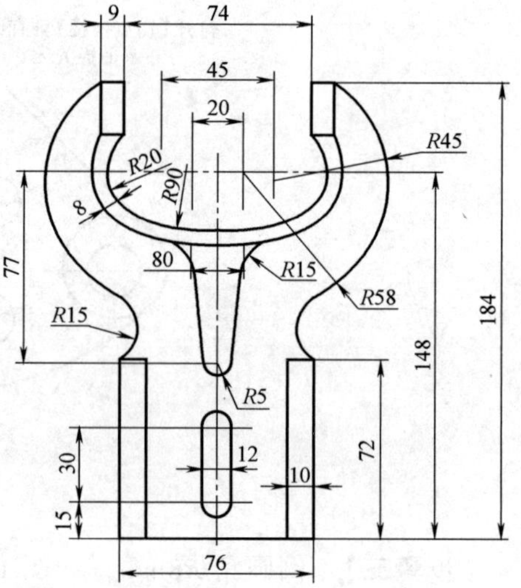

图 12-10　练习三

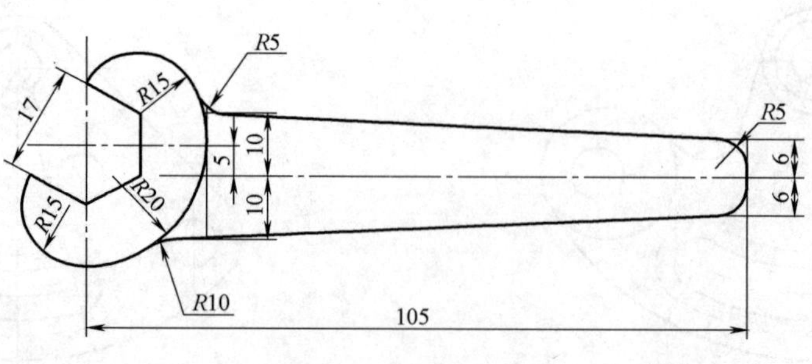

图 12-11　练习四

任务十三
尺寸样式设置与标注

学习目标

1. 会按国家标准进行尺寸标注样式的设置。
2. 掌握标注图形尺寸的各种方法。
3. 掌握编辑所标注尺寸的方法。

活动任务

按照尺寸要求绘制如图 13-1 所示图形并进行尺寸标注。

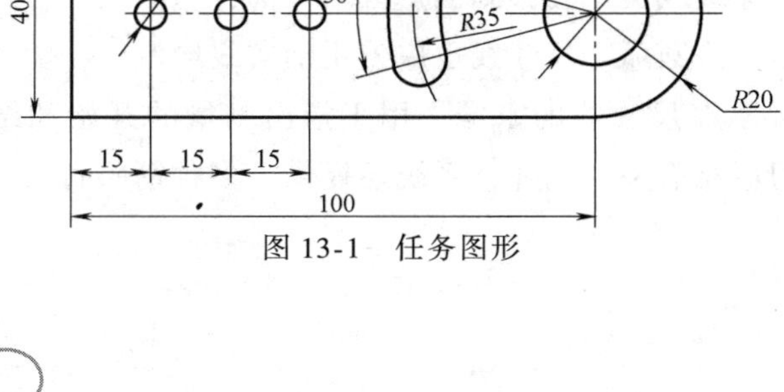

图 13-1　任务图形

相关知识

一、尺寸标注

尺寸标注是机械制图中一项十分重要的工作，图样中各图形元素的位置和大小要靠尺寸来确定。AutoCAD 提供了一套完善的尺寸标注命令，使得尺寸标注和编辑更为方便和灵活。

1. 尺寸标注的规则

使用 AutoCAD 对绘制的图形进行尺寸标注时，应遵循国家制图标准有关尺寸注法的规定。图样中的尺寸以毫米（mm）为单位时，不需要标注计量单位的代号或名称。如采用其他单位，则必须注明相应计量单位的代号或名称，如 60°、20cm。物体的每一尺寸，一般只标注一次，并应标注在反映物体形状结构最清晰的图形上。

2. 尺寸标注的组成

一个完整的尺寸标注应由尺寸数字、尺寸线、尺寸界线和箭头符号等组成，如图 13-2 所示。在 AutoCAD 中，各尺寸组成的主要特点如下：

（1）尺寸数字　尺寸数字用于表明机件的实际测量值。尺寸数字应按标准字体书写，在同一张图样上的字高要一致。尺寸数字不可被任何图线所通过，否则必须将该图线断开。如图线断开会影响图形表达时，需调整尺寸标注的位置。

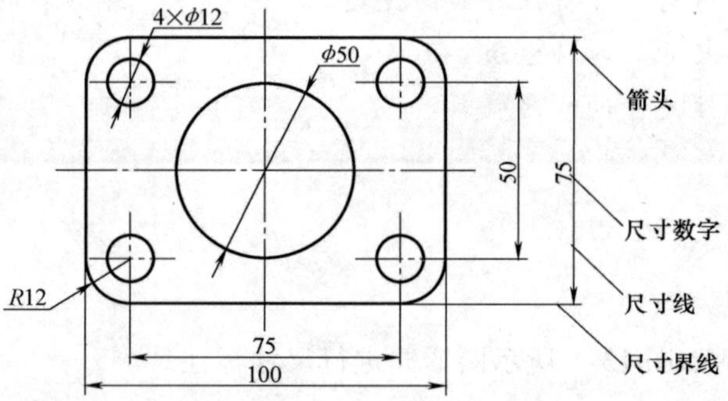

图 13-2　尺寸的组成

（2）尺寸界线　尺寸界线应从图形的轮廓线、轴线、对称中心线引出，同时，轮廓线、轴线、对称中心线也可以作为尺寸界线。尺寸界线应使用细实线绘制。

（3）尺寸线　尺寸线用于表示标注的范围。AutoCAD 通常将尺寸线放置在测量区域中。如果空间不足，则将尺寸线或文字转移到测量区域外部，这取决于标注样式的放置规则。对于角度标注，尺寸线是一段圆弧。尺寸线也应使用细实线绘制。

（4）箭头　箭头显示在尺寸线的末端，用于指出测量的开始和结束位置。AutoCAD 默认使用的符号为闭合的填充箭头。此外，系统还提供了多种箭头符号，如建筑标记、小斜线箭头、点和斜杠等。

活动步骤

【步骤一】　按默认格式标注尺寸，如图 13-3 所示。

【步骤二】　修改尺寸标注样式。

在菜单栏中单击【格式】→【标注样式】或【标注】，如图 13-4 所示，弹出如图 13-5

所示【标注样式管理器】对话框。

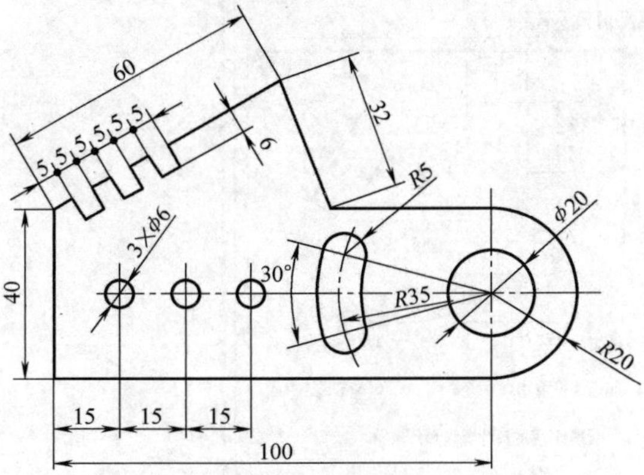

图 13-3　默认格式标注尺寸

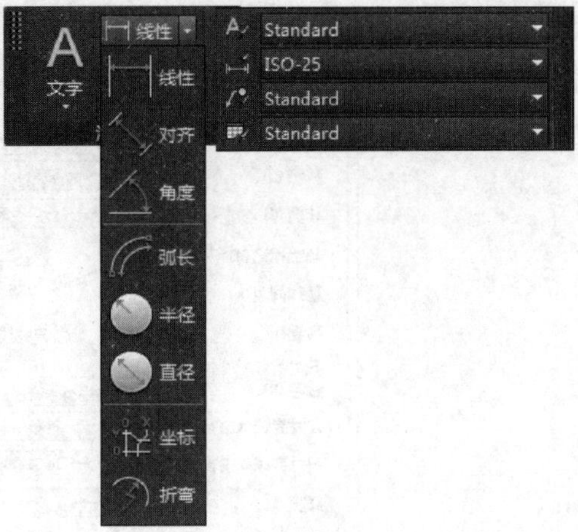

图 13-4　标注菜单

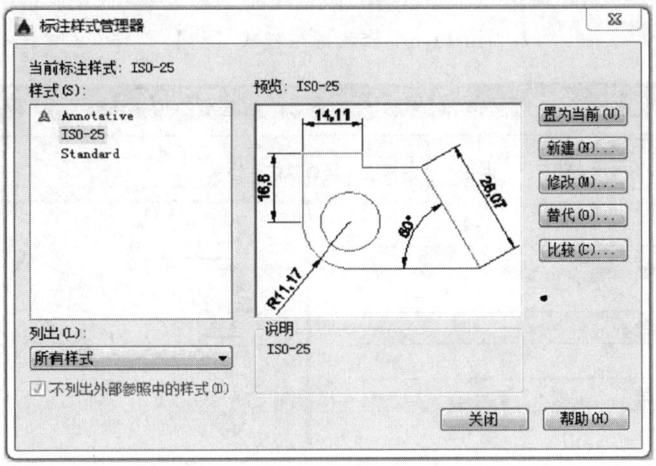

图 13-5　【标注样式管理器】对话框

1. 【线】设置

在修改标注样式中设置一些参数，如图 13-6 所示。

（1）【基线间距】数值框　在进行基线尺寸标注时，设置各尺寸线之间的距离。一般设为 7 ~ 10mm。

（2）【超出尺寸线】数值框　尺寸界线超出尺寸线距离的设置。一般设为 2 ~ 3mm。

2. 【符号和箭头】设置（图 13-7）

（1）【箭头大小】数值框　根据图形大小设置，此处设为“2.5”。

（2）【圆心标记】单选按钮　根据需要进行选择。

3. 【文字】设置（图 13-8）

（1）【文字高度】数值框　根据图形大小设置，一般数字设为“2.5”，汉字设为“3.5”。

（2）【文字对齐】单选按钮　根据需要进行选择。此处选择 ISO 标准。

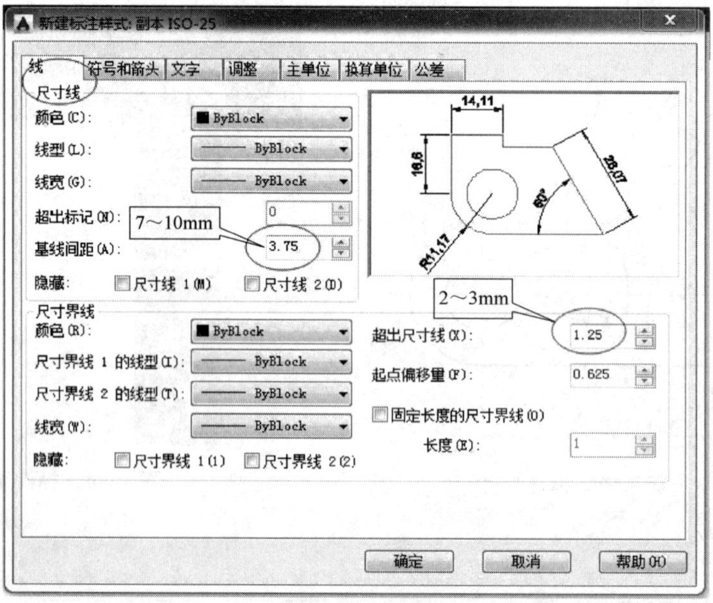

图 13-6　修改标注样式【线】

图 13-7　修改标注样式【符号和箭头】

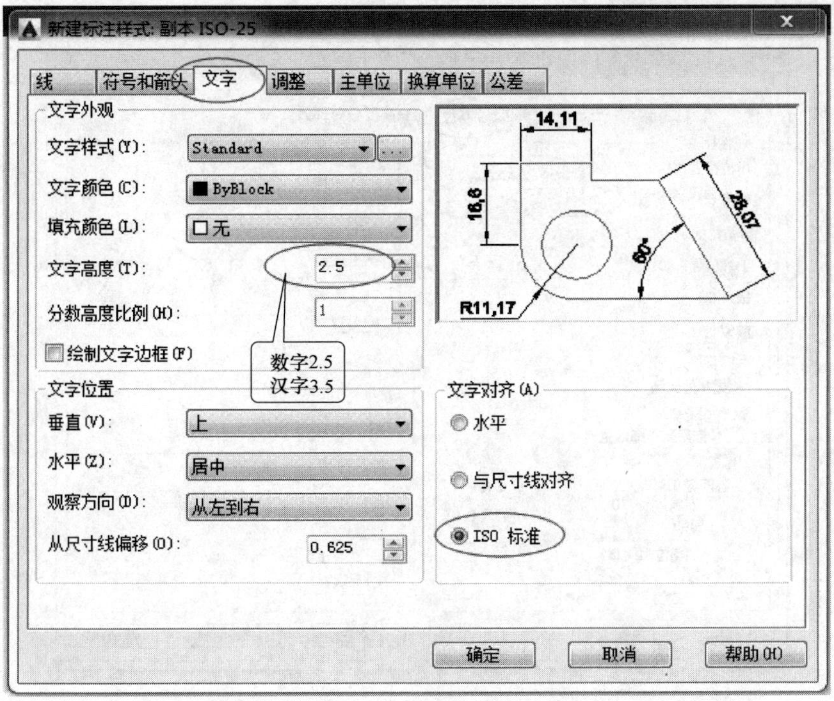

图 13-8　修改标注样式【文字】

4.【调整】设置（图 13-9）

图 13-9　修改标注样式【调整】

5.【主单位】设置（图 13-10）

线性标注区域内【精度】下拉列表框根据图形尺寸精度选择。小数分隔符默认是逗点，改为句点。

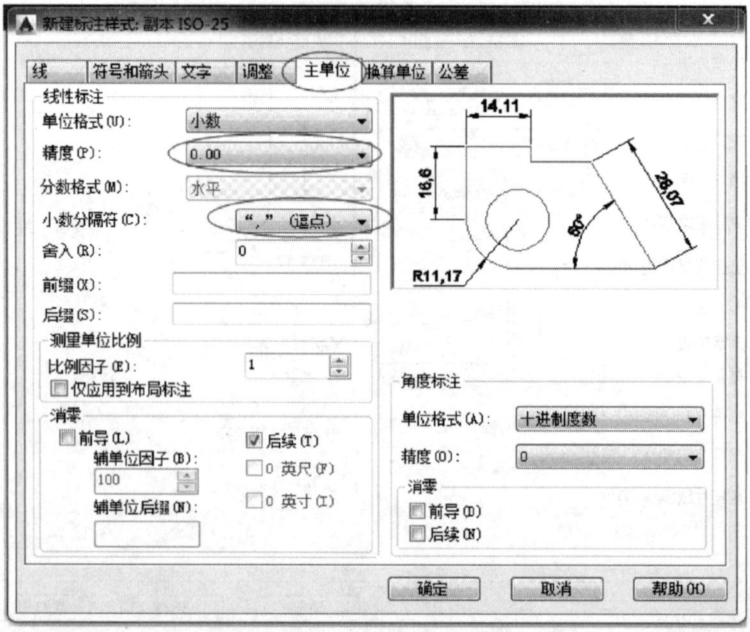

图 13-10　修改标注样式【主单位】

在【标注样式管理器】对话框中【替代】选项修改角度标注，如图 13-11 所示，再修改【文字】设置，如图 13-12 所示。

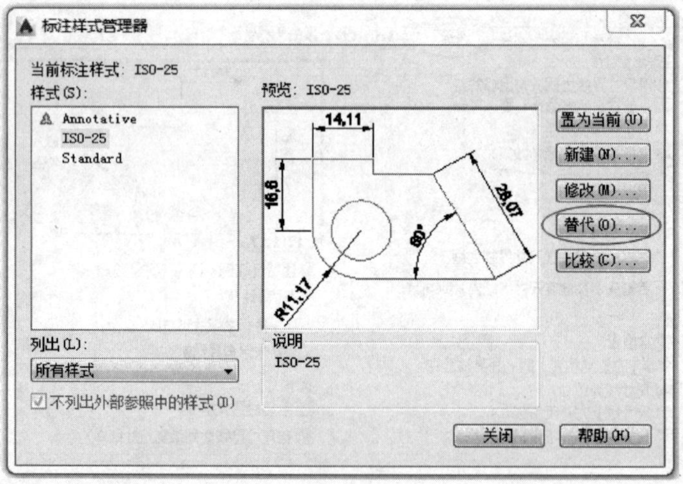

图 13-11　【替代】选项

单击【标注更新】按钮，如图 13-13 所示。

修改对象特性，如图 13-14 所示。

单击【文字编辑】按钮修改尺寸标注，如图 13-15 所示。

【步骤三】　创建符合国标的尺寸样式。

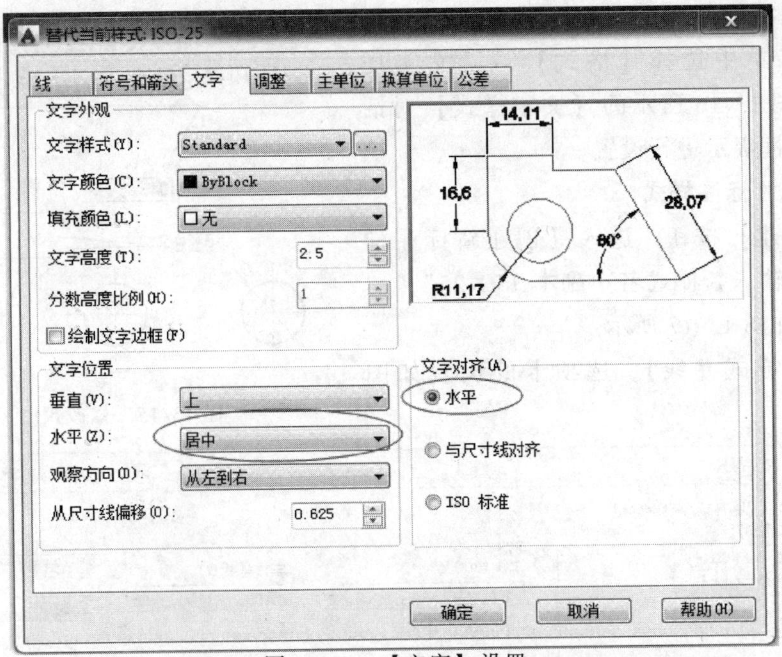

图 13-12 【文字】设置

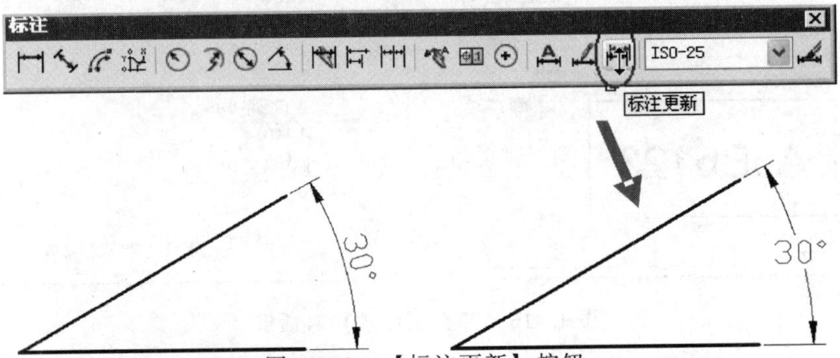

图 13-13 【标注更新】按钮

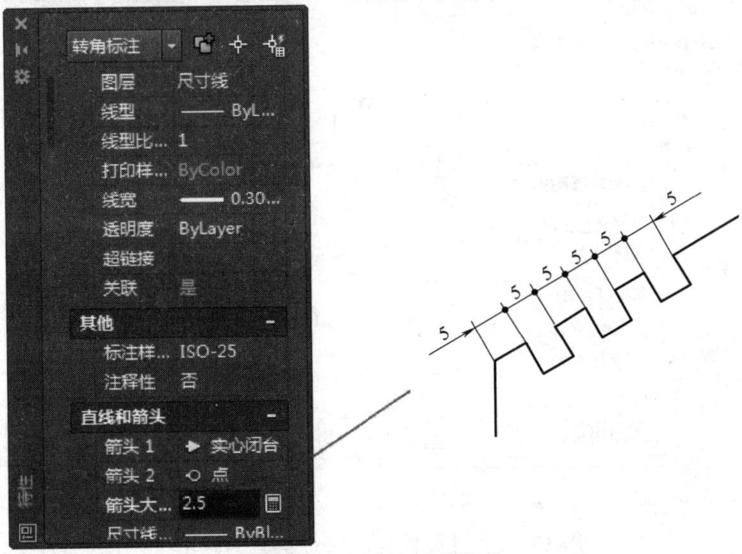

图 13-14 修改对象特性

1. 创建文字样式

从下拉菜单中选择【格式】→【文字样式】，进入如图 13-16 所示的【文字样式】对话框，按照对话框提示进行设置。

2. 创建尺寸标注样式

单击【新建】按钮，进入【创建新标注样式】对话框，输入新样式名“副本 ISO-25”，单击【继续】，如图 13-17 所示。

新建标注样式【线】，选项卡的设置如图 13-18 所示。

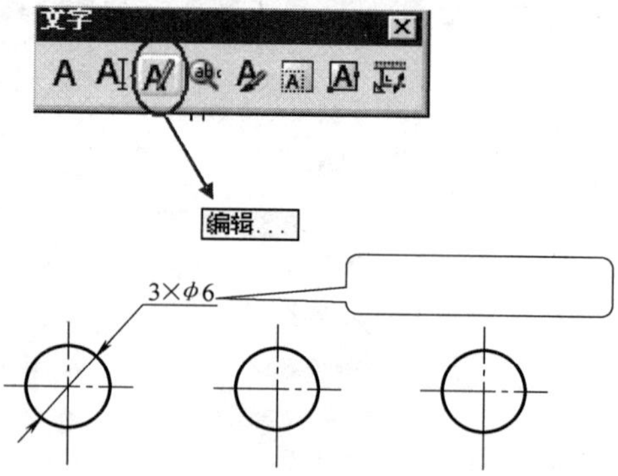

图 13-15　修改尺寸标注

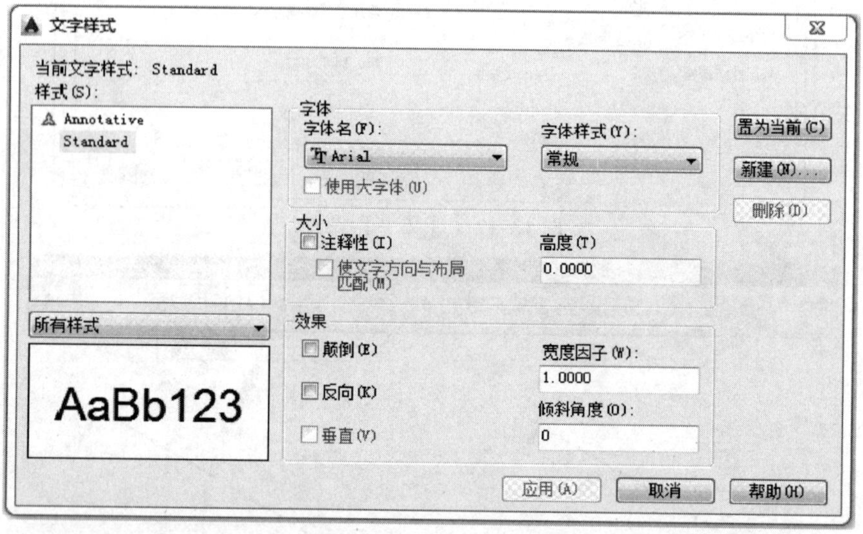

图 13-16　【文字样式】对话框

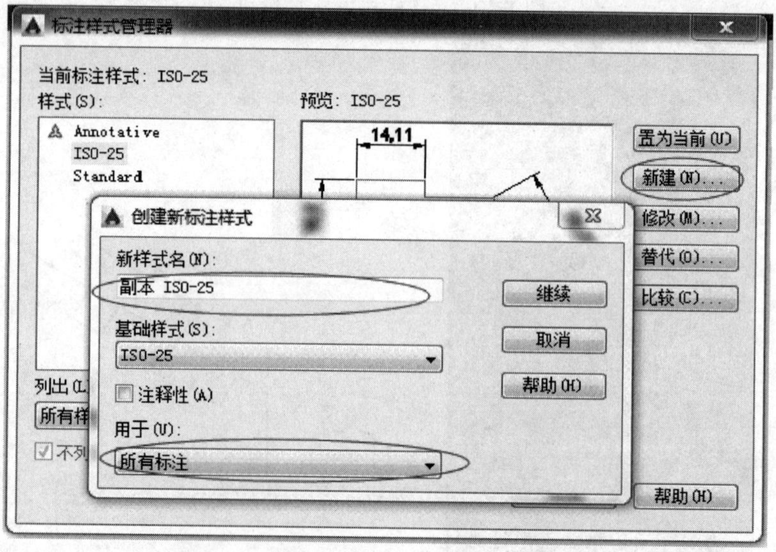

图 13-17　【标注样式管理器】对话框

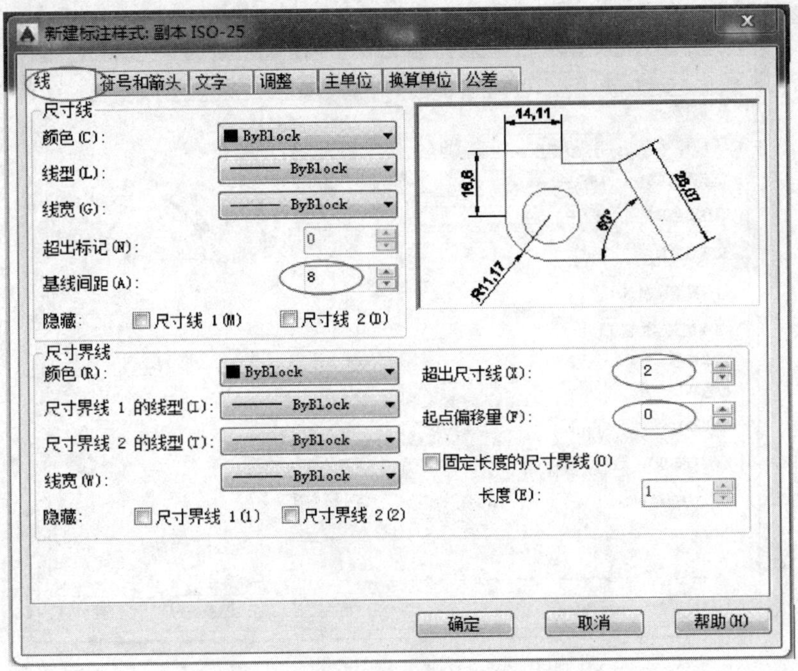

图 13-18　新建标注样式【线】选项卡

新建标注样式【符号和箭头】选项卡的设置如图 13-19 所示。

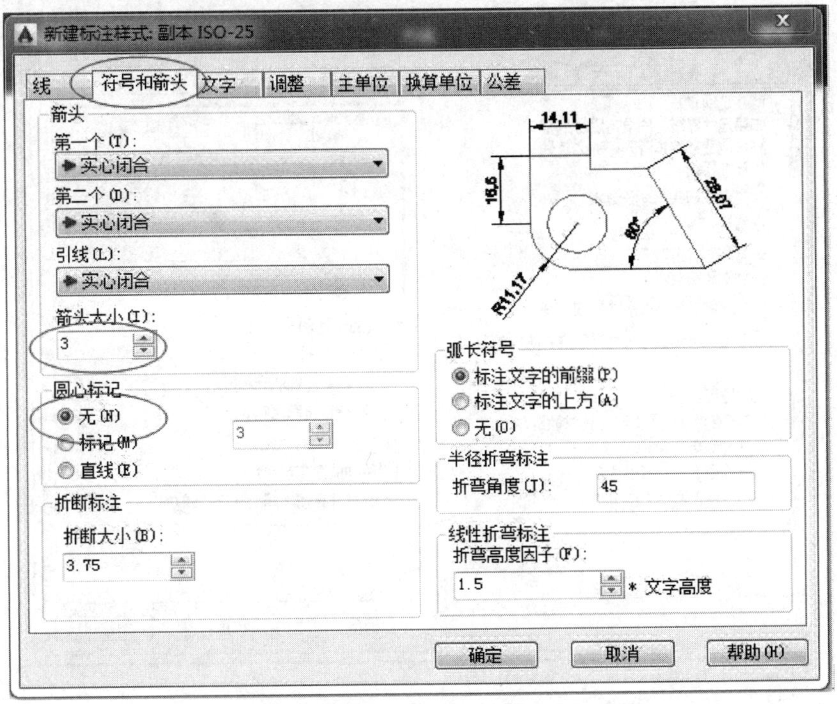

图 13-19　新建标注样式【符号和箭头】选项卡

新建标注样式【文字】选项卡的设置如图 13-20 所示。

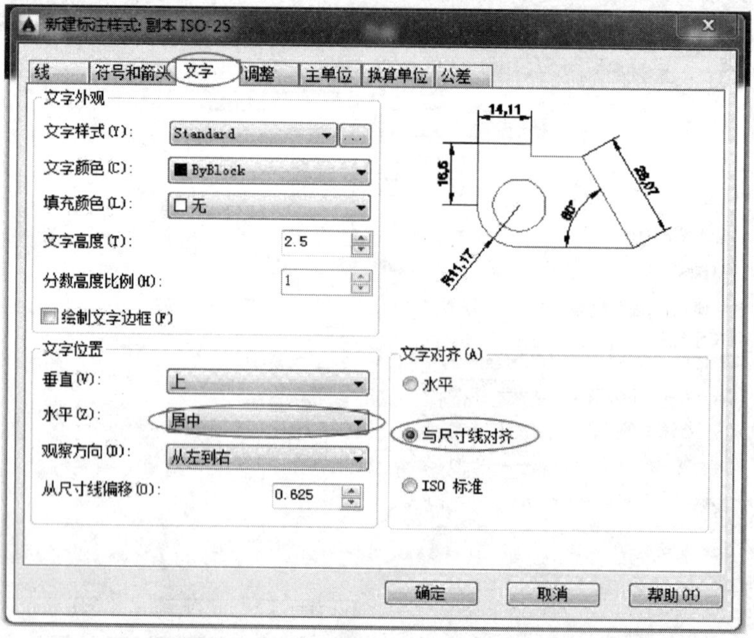

图 13-20　新建标注样式【文字】

新建标注样式【调整】选项卡的设置如图 13-21 所示。

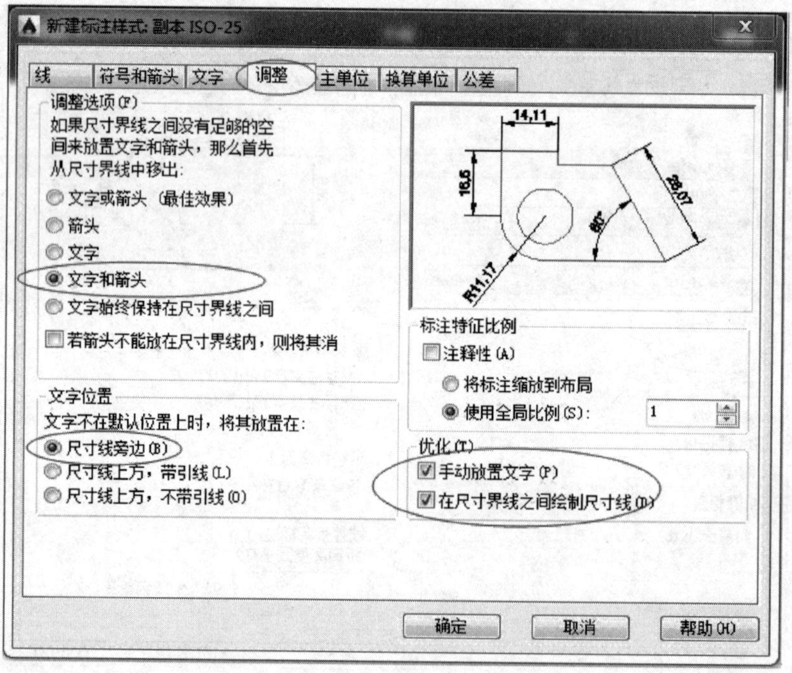

图 13-21　新建标注样式【调整】选项卡

3. 创建角度标注样式

创建角度标注样式如图 13-22 所示。

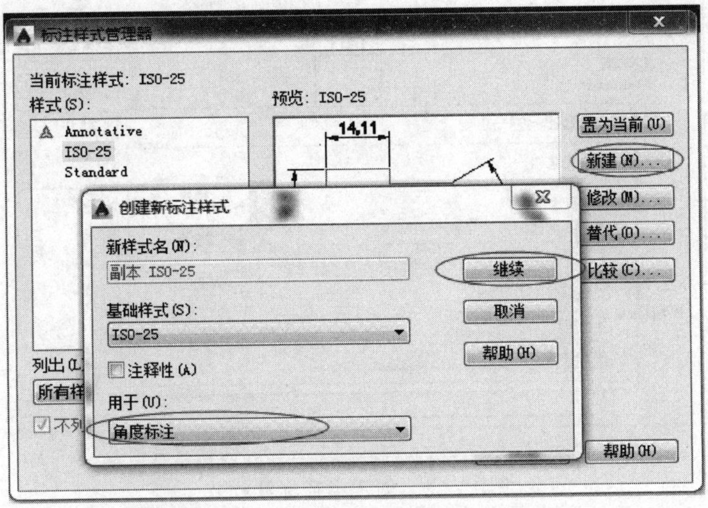

图 13-22 创建角度标注样式

修改角度标注样式【文字】选项卡的设置如图 13-23 所示。

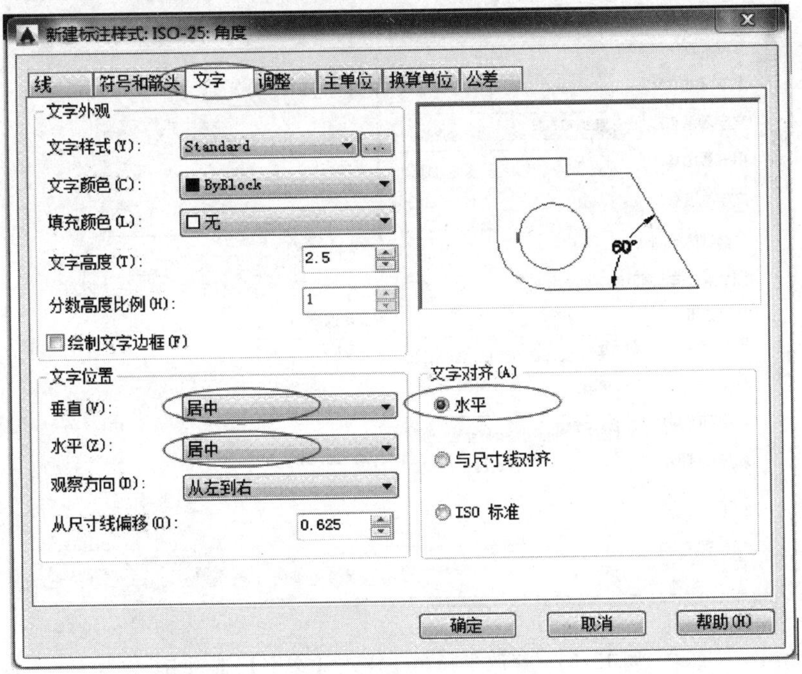

图 13-23 修改角度标注样式【文字】选项卡

4. 创建半径标注样式

创建半径标注样式，如图 13-24 所示。

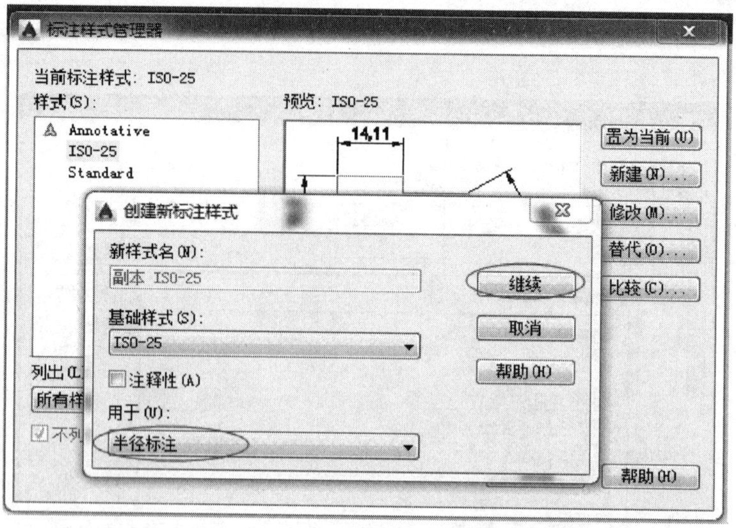

图 13-24　创建半径标注样式

修改半径标注样式【文字】选项卡的设置如图 13-25 所示。

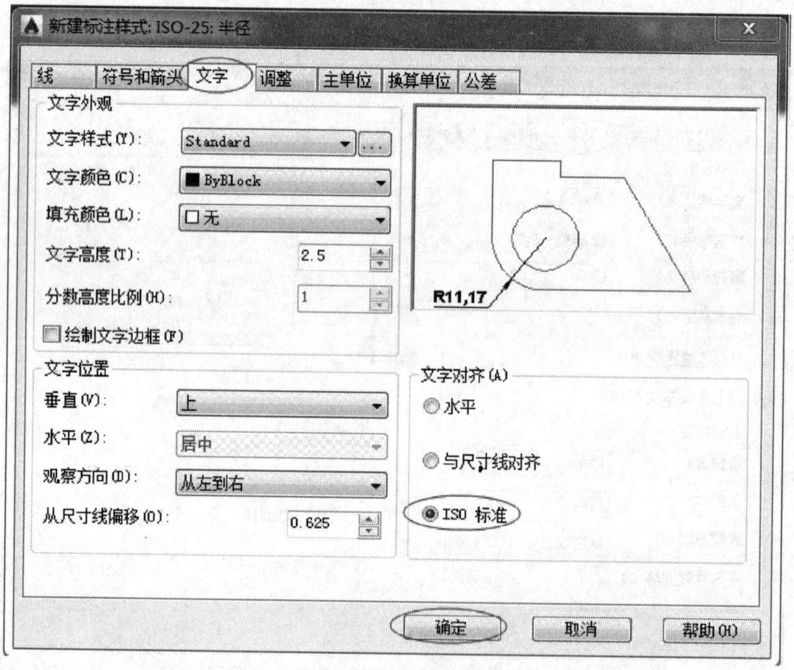

图 13-25　修改半径标注样式【文字】选项卡

修改半径标注样式【调整】选项卡的设置如图 13-26 所示。

5. 创建直径标注样式

创建直径标注样式，如图 13-27 所示。

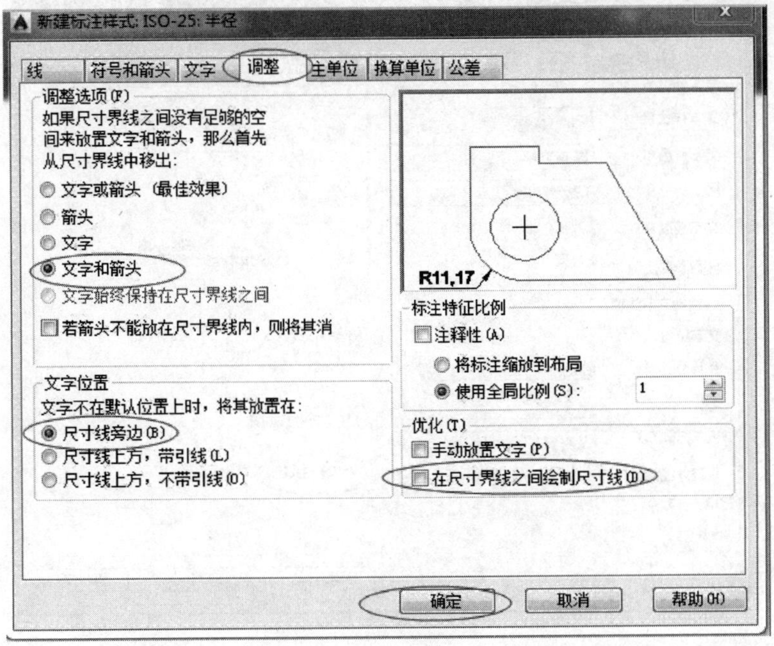

图 13-26　修改半径标注样式【调整】选项卡

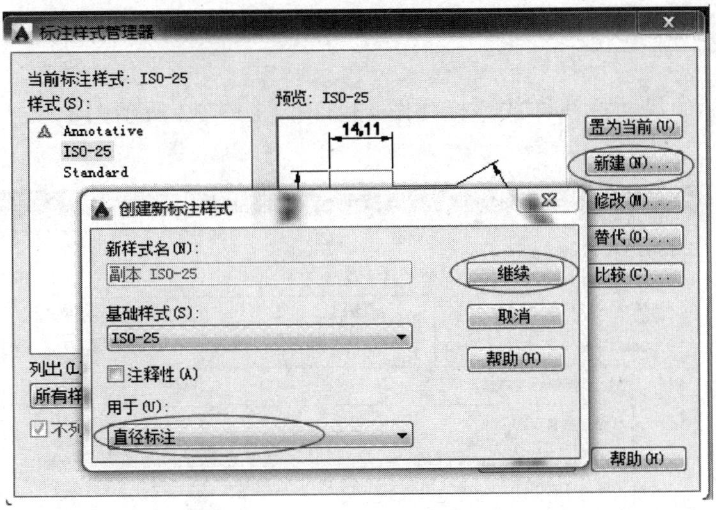

图 13-27　创建直径标注样式

修改直径标注样式【文字】选项卡的设置如图 13-28 所示。

6. 创建非圆直径标注样式

创建非圆直径标注样式，如图 13-29 所示。

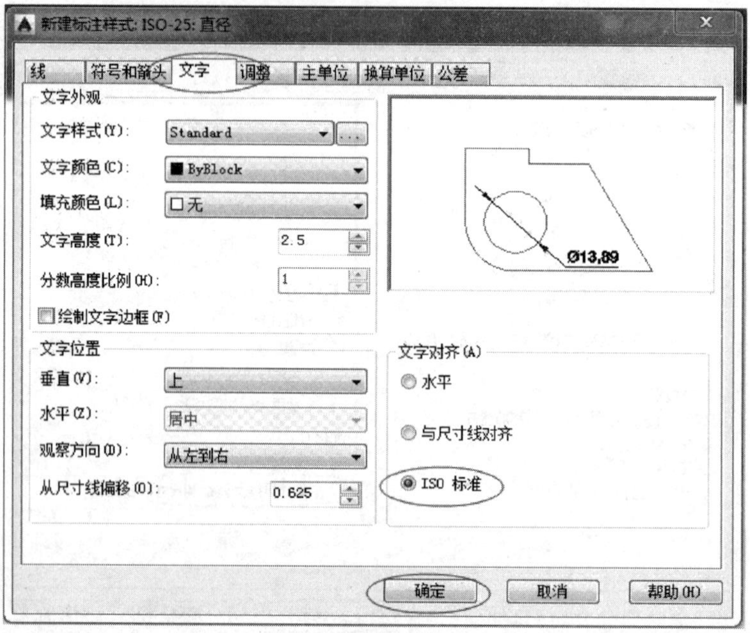

图 13-28　修改直径标注样式【文字】选项卡

修改非圆直径标注样式【主单位】选项卡的设置，如图 13-30 所示。

思考与练习

设置符合国标的尺寸标注样式，标注图 13-31、图 13-32 所示图形尺寸。

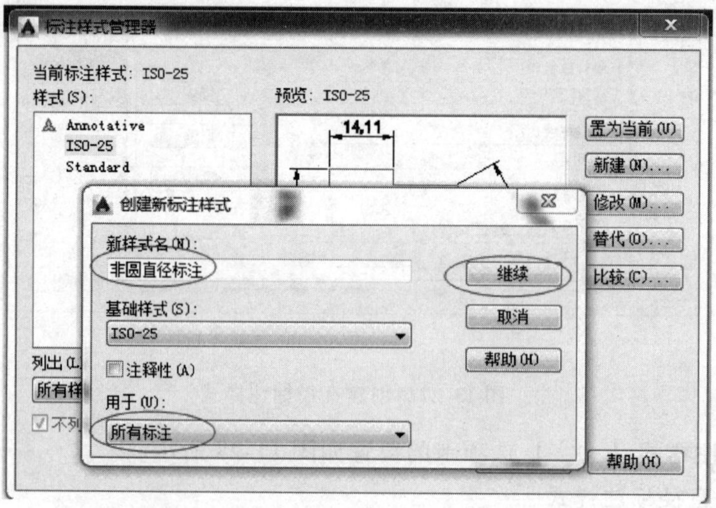

图 13-29　创建非圆直径标注样式

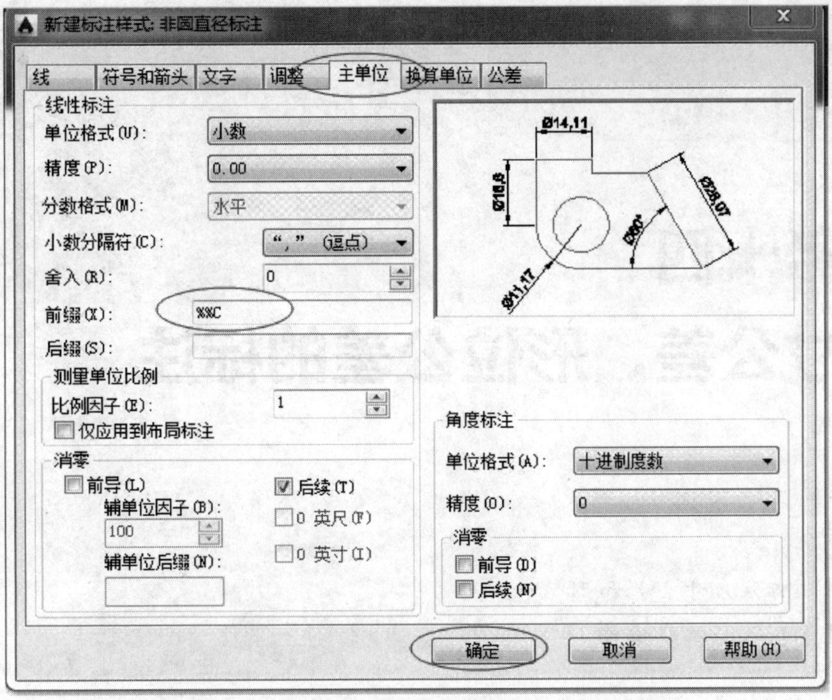

图 13-30　修改非圆直径标注样式【主单位】选项卡

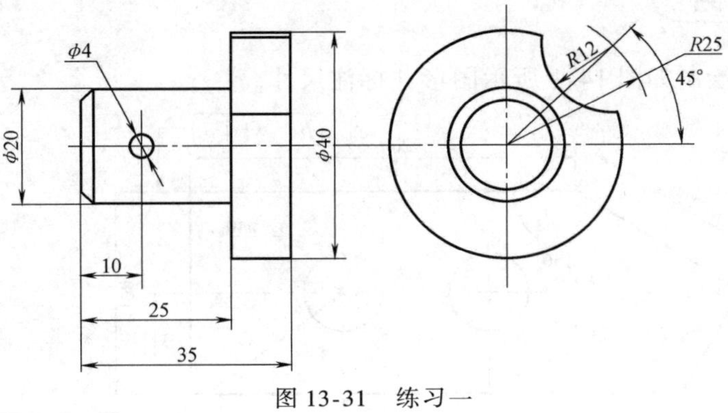

图 13-31　练习一

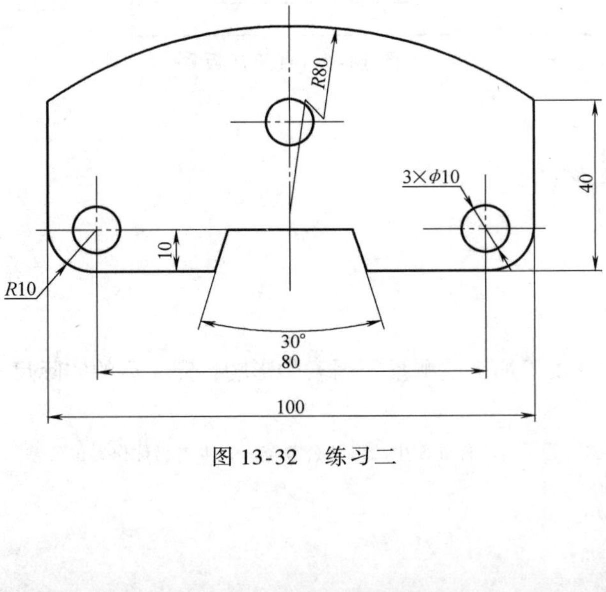

图 13-32　练习二

任务十四 尺寸公差、形位公差的标注

学习目标

1. 会正确标注尺寸公差和形位㊀公差。
2. 会文本输入与编辑操作。

活动任务

按照尺寸要求绘制如图 14-1 所示图形并标注尺寸。

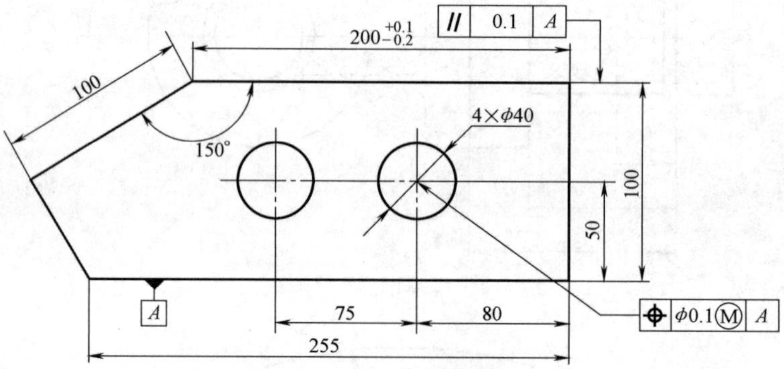

图 14-1　直角样板

相关知识

一、公差

1. 尺寸公差

零件在制造过程中，由于加工或测量等因素的影响，完工后的实际尺寸总存在一定的误差。

㊀ 国家标准中为几何公差，为了与软件界面中的形位公差统一，本书仍称作形位公差。

为保证零件的互换性，必须将零件的实际尺寸控制在允许的变动范围内，这个允许的尺寸变动量称为尺寸公差。

例：

1）公称尺寸。

公称尺寸是设计给定的尺寸，如 30mm。

2）极限尺寸。

极限尺寸是允许尺寸变动的两个极限值，如

上极限尺寸 = 30mm + 0.01mm = 30.01mm。

下极限尺寸 = 30mm − 0.01mm = 29.99mm。

3）极限偏差。

极限偏差是极限尺寸减去公称尺寸所得的代数值，即上极限尺寸和下极限尺寸减去公称尺寸所得的代数差，分别为上极限偏差和下极限偏差，统称极限偏差。孔的上、下极限偏差分别用大写字母 ES 和 EI 表示：上极限偏差 ES = 30.01mm − 30mm = +0.01mm，下极限偏差 EI = 29.99mm − 30mm = −0.01mm。

4）尺寸公差。

尺寸公差是允许尺寸的变动量，即上极限尺寸减下极限尺寸，也等于上极限偏差减下极限偏差所得的代数差。尺寸公差是一个没有符号的绝对值。

如公差：30.01mm − 29.99mm = 0.02mm，

或 0.01mm − (−0.01mm) = 0.02mm。

2. 形位公差

加工后的零件不仅有尺寸公差，构成零件几何特征的点、线、面的实际形状或相互位置与理想几何体规定的形状和相互位置还不可避免地存在差异，这种形状上的差异就是形状公差，而相互位置的差异就是位置公差，统称为形位公差。

二、AutoCAD 常用控制码

AutoCAD 常用控制码主要是用于 CAD 绘图过程中一些特殊符号的标注，如直径、百分号等，常用的控制码见表 14-1。

表 14-1 AutoCAD 常用的控制码

特殊字符	控制代码
度符号(°)	%%d
公差符号(±)	%%p
直径符号(φ)	%%c
上划线(‾)	%%o
下划线(_)	%%u
百分号(%)	%%%
ASCII 码 nnn	%%nnn

活动步骤

【步骤一】 按照要求绘制图 14-1 所示图形。

【步骤二】 按照要求标注尺寸。

【步骤三】 标注尺寸公差。

1）打开【标注样式管理器】对话框，在【样式】列表中选择【公差样式】，单击【替代】按钮，如图 14-2 所示。

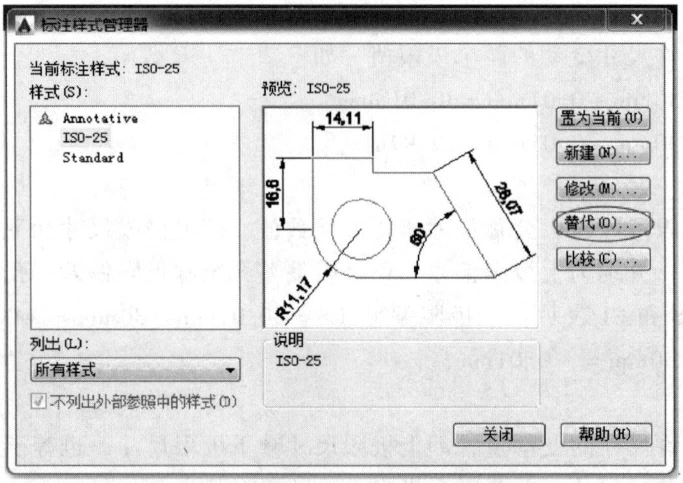

图 14-2 【标注样式管理器】对话框

2）打开【替代当前样式】对话框，标注公差时的数值设置如图 14-3 所示。

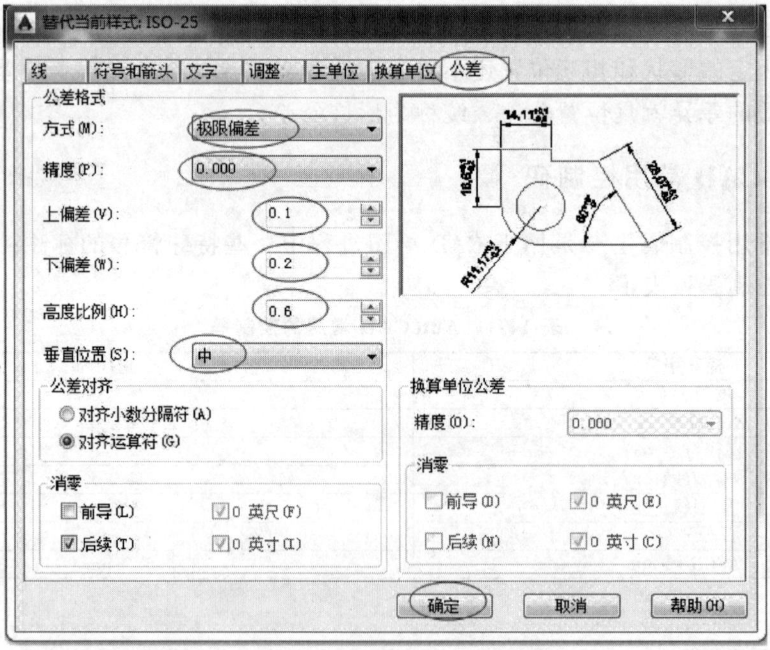

图 14-3 标注公差设置

3）在【对象特性】菜单中修改公差，如图 14-4 所示。

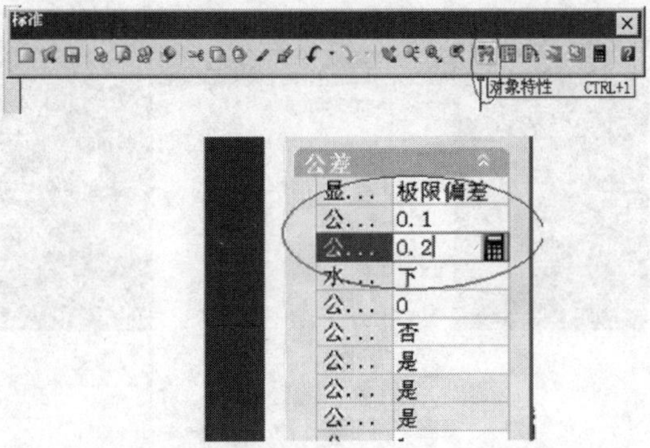

图 14-4　【对象特性菜单】中修改公差

4）在文字格式堆砌中输入，如图 14-5 所示。

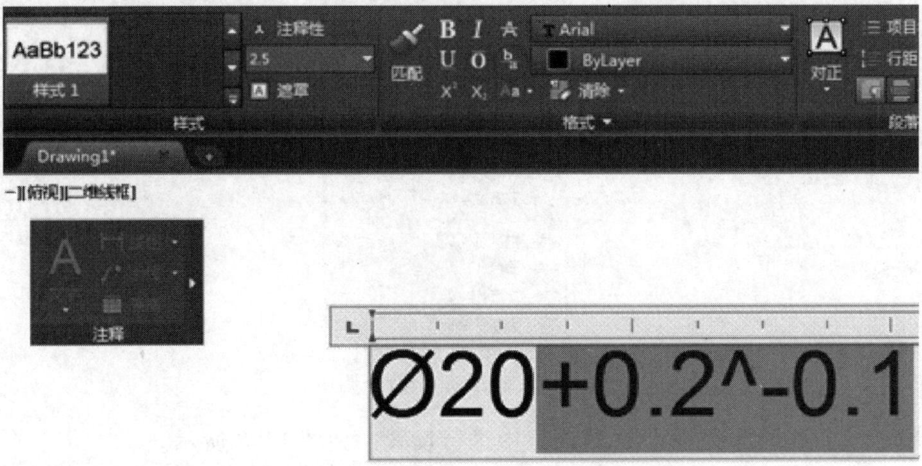

图 14-5　在文字格式堆砌中输入

【步骤四】　运用【引线】命令绘制引线，如图 14-6 所示。

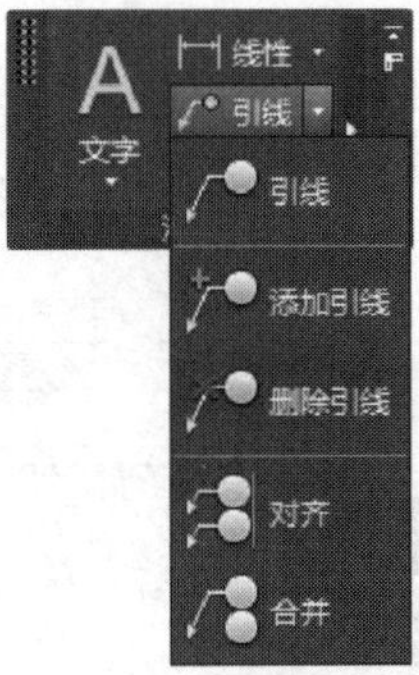

图 14-6　绘制引线

【步骤五】　选择【标注】菜单里的【公差】，弹出【形位公差】对话框，如图 14-7、图 14-8 所示。

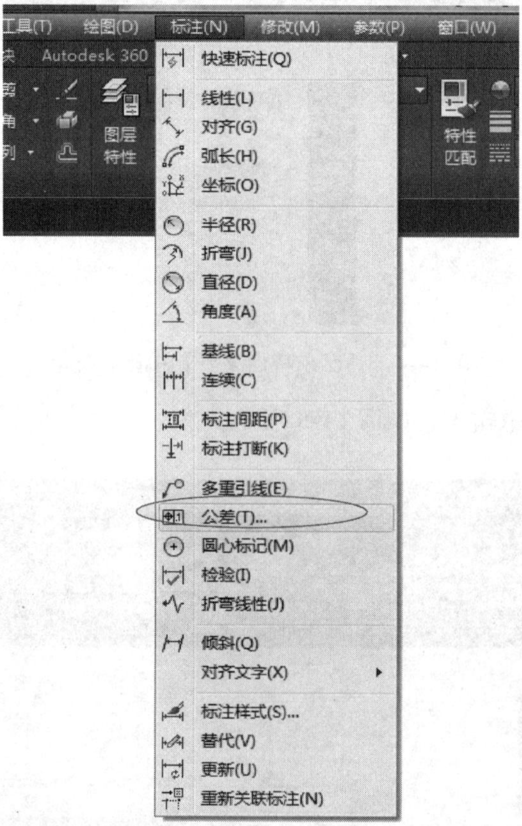

图 14-7　【公差】命令调用

【步骤六】 在【形位公差】对话框中进行设置，如图 14-8 所示。

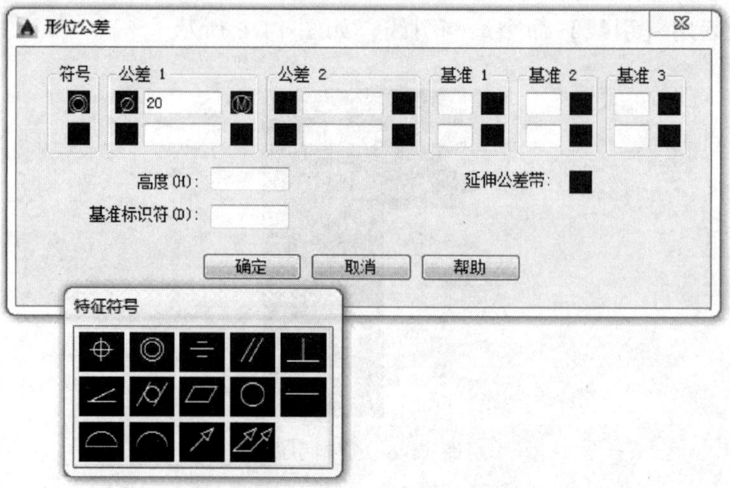

图 14-8　【形位公差】对话框

思考与练习

按照尺寸要求绘制如图 14-9 所示的图形并标注尺寸公差和形位公差。

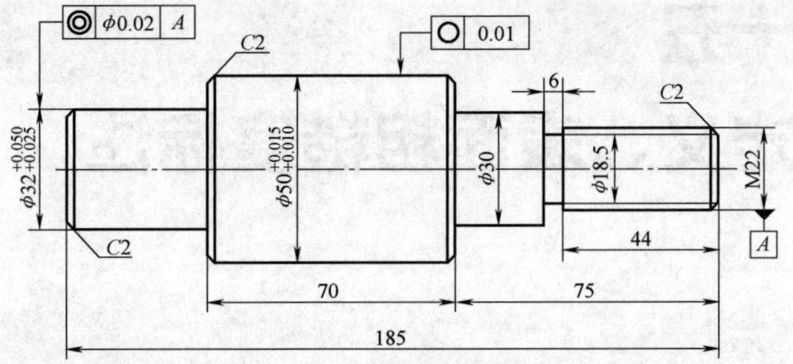

图 14-9　练习

任务十五

块的定义、表面粗糙度标注

学习目标

1. 掌握建立图块、定义图块属性、插入块、编辑图块属性的方法。
2. 能按国家标准标注表面粗糙度。

活动任务

按照尺寸要求绘制如图 15-1 所示图形并进行尺寸标注和公差标注。

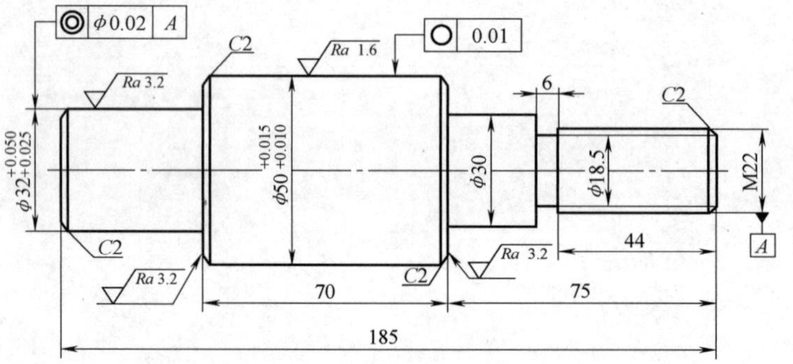

图 15-1　轴类图形

相关知识

块是组成复杂对象的一组对象集合，一旦一组对象组合成块，这组对象就被赋予一个块名，用户可根据作图需要用这个块将该组对象插入到图中任意给定的位置，而且在插入时还可以指定不同的比例系数和旋转角度。

块命令调用方法。

1）BLOOK。

2）下拉菜单：选择【绘图】→【块】→【定义属性】。

输入建立图块命令后系统弹出如图 15-2 所示【属性定义】对话框，按要求逐个填写各文本框，如标记、值，适当调整高度，然后单击拾取点，该点要选择合适，否则会影响到后续绘图，最后按【确定】按钮完成属性定义。

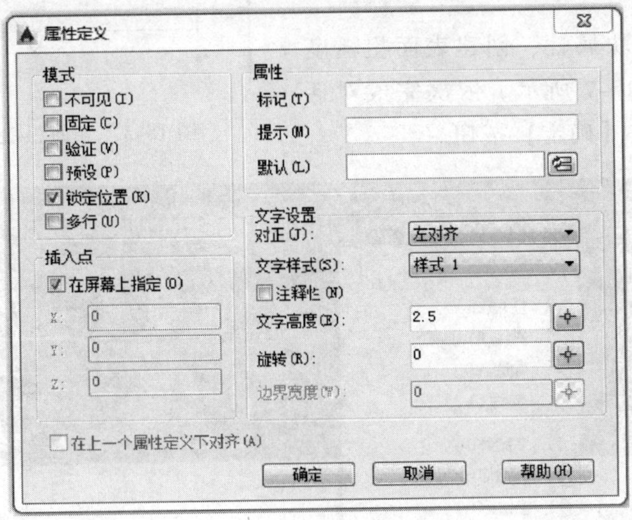

图 15-2 【属性定义】对话框

3）单击如图 15-3 所示【绘图】工具栏的【创建】按钮。

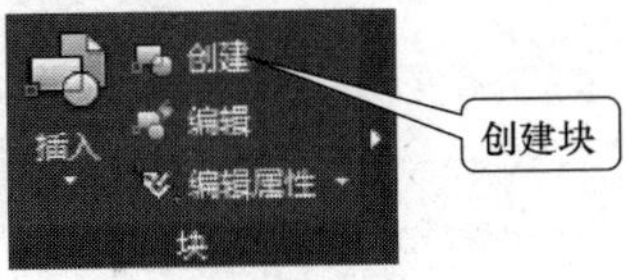

图 15-3 【创建】图标

选择【绘图】→【块】→【创建（M）】，系统会弹出【块定义】对话框，如图 15-4 所示，输入名称、选择对象、单击拾取点，然后按【确定】按钮完成块的绘制。

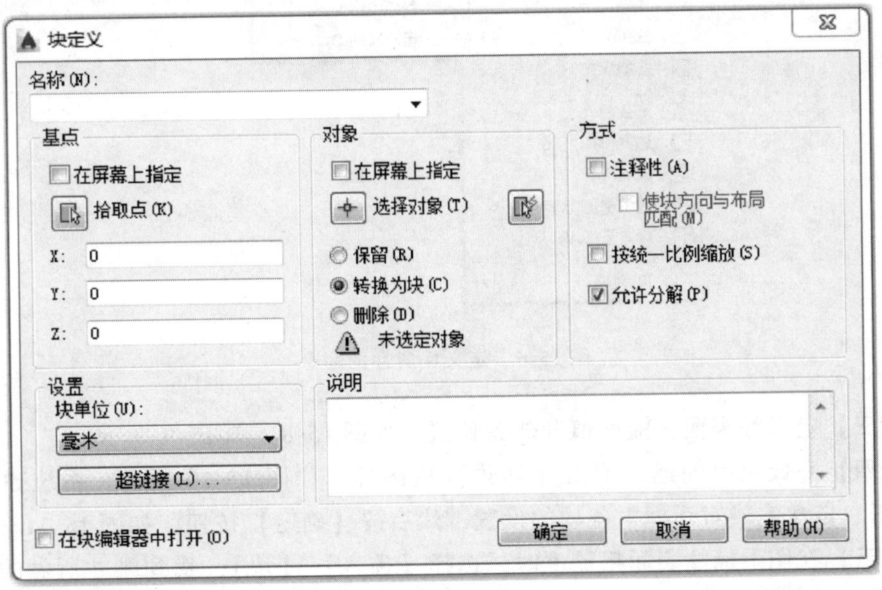

图 15-4 【块定义】对话框

活动步骤

【步骤一】绘制表面粗糙度符号，如图15-5所示。

【步骤二】定义块属性、创建表面粗糙度块，如图 15-6、图 15-7 所示。依次完成对话框中各项的设置，按【确定】按钮。

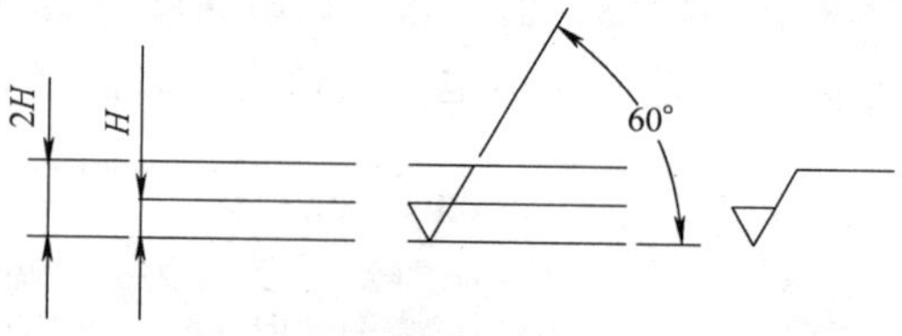

图 15-5　表面粗糙度符号的绘制

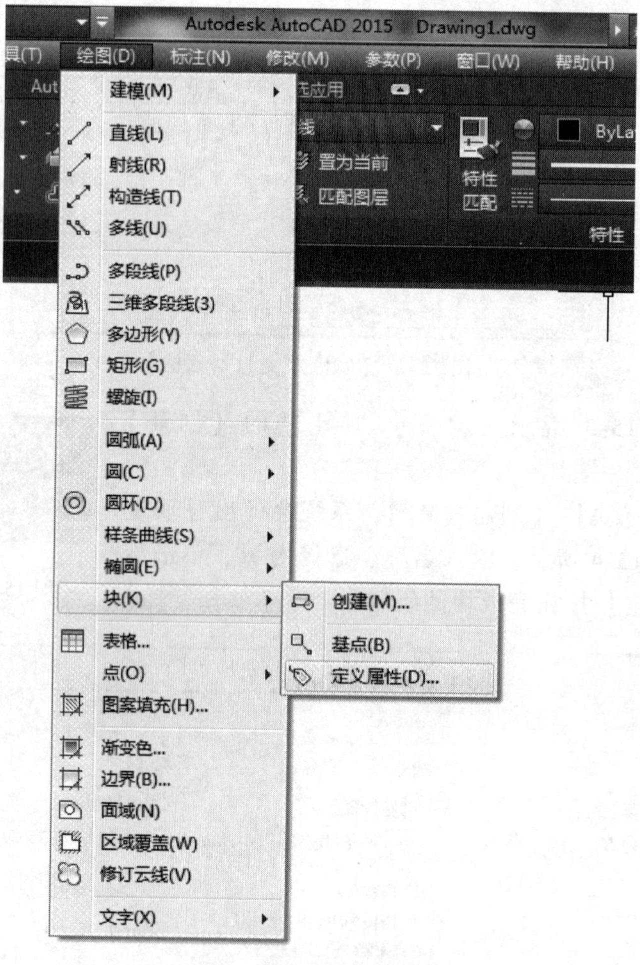

图 15-6　定义块属性的命令

【步骤三】定义好表面粗糙度值和放置位置，如图 15-8、图 15-9 所示。

【步骤四】完成块的创建，单击【创建】块图标，如图 15-10 所示。系统弹出【块定义】对话框，依次完成对话框中各项的设置，然后按【确定】按钮，如图 15-11 所示。

【步骤五】在图上标注表面粗糙度时，选择【插入】→【块】，找到刚才所做的表面粗糙度块，如图 15-12 所示，随后按照状态栏内的命令提示进行操作，完成插入块操作。

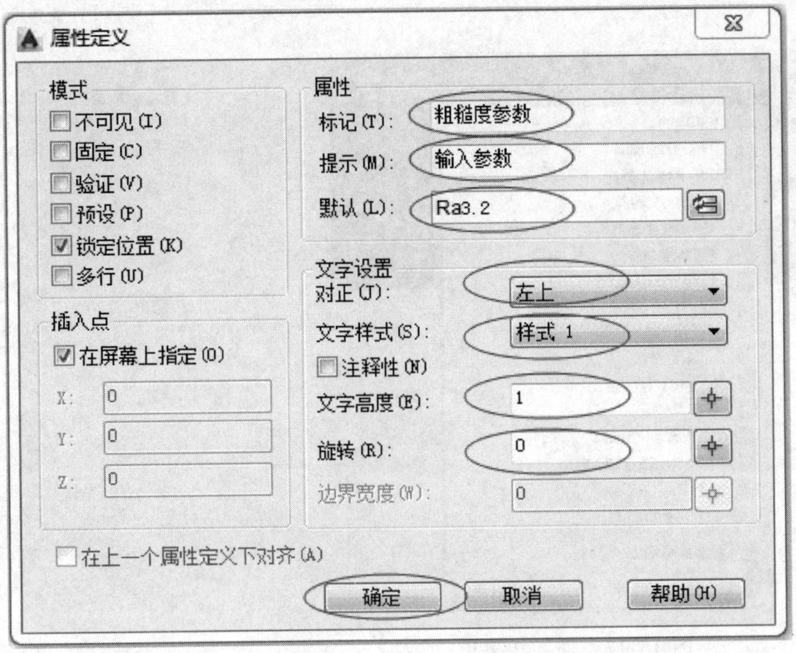

图 15-7 块属性定义

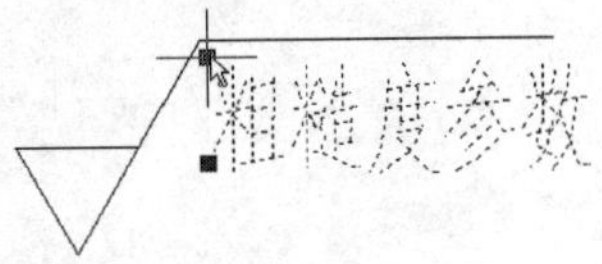

图 15-8 放置属性

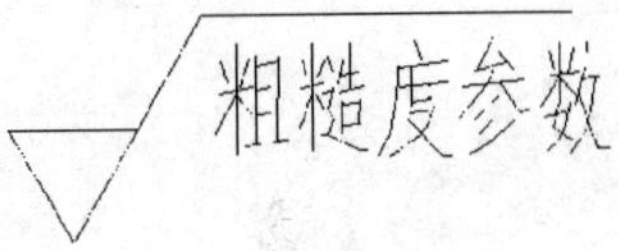

图 15-9 已定义好属性

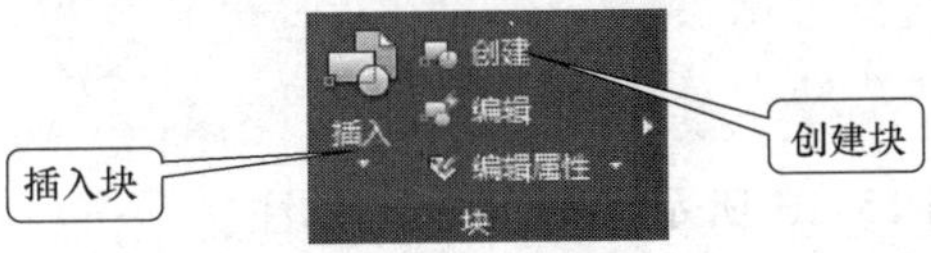

图 15-10 创建块

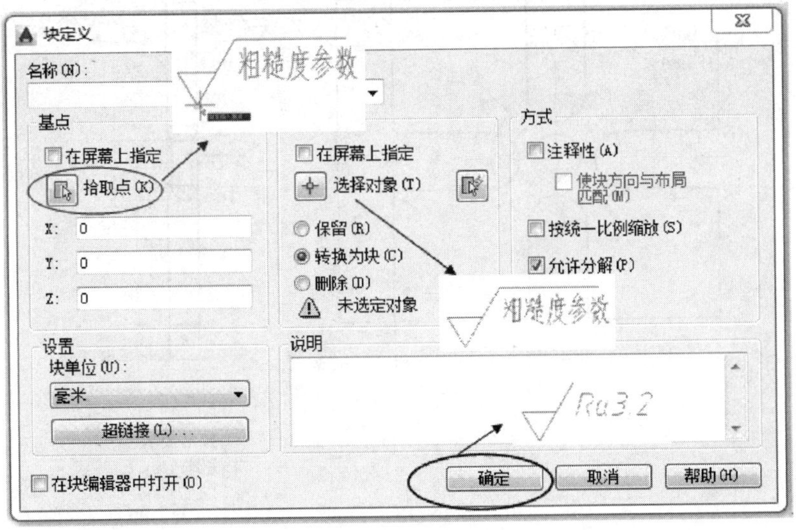

图 15-11 【块定义】对话框

【步骤六】用鼠标将表面粗糙度块移动到图上合适位置，即完成表面粗糙度的标注，如

图 15-1 所示。

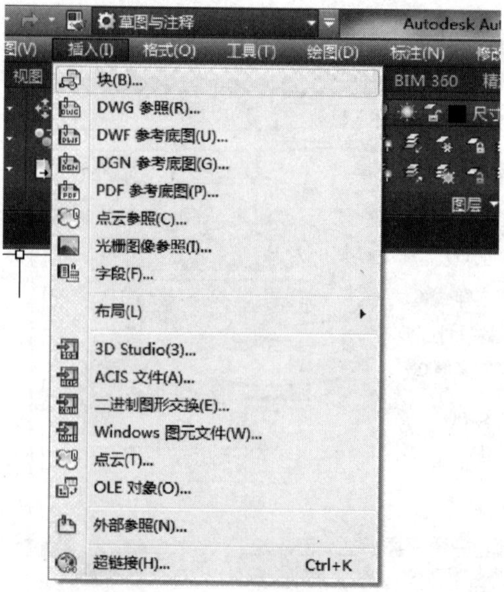

图 15-12　插入块菜单

思考与练习

按照尺寸要求绘制如图 15-13 所示图形并进行标注。

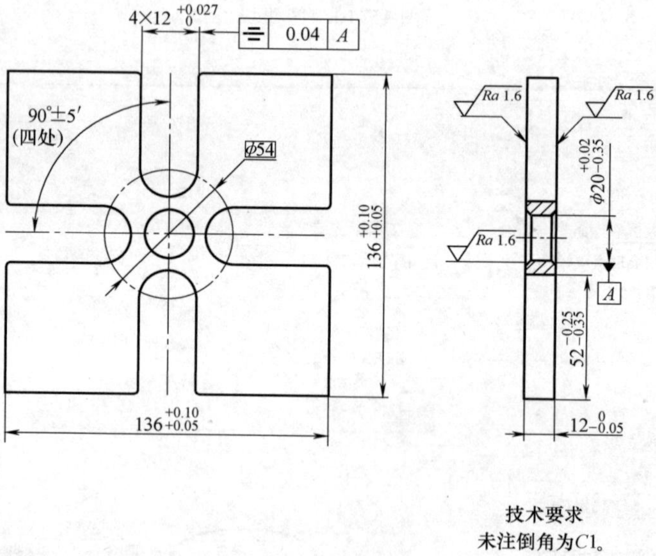

图 15-13　练习

任务十六
剖视图的绘制

学习目标

1. 会图案填充操作。
2. 能按制图标准定义剖面线间隔与方向。
3. 能正确绘制剖视图。

活动任务

按照尺寸要求绘制如图 16-1 所示图形并进行标注。

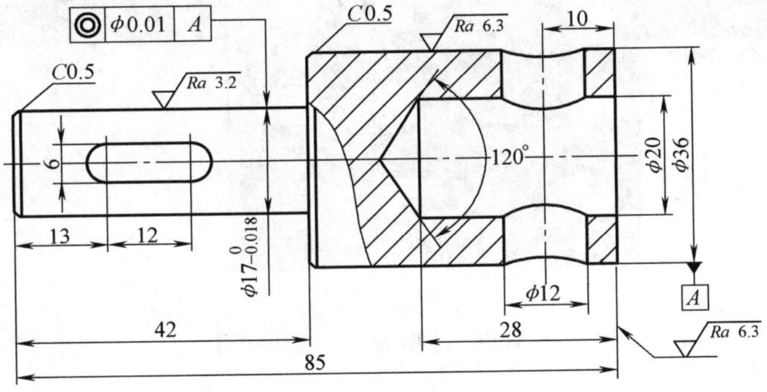

图 16-1 短轴

相关知识

当进行图案填充时，首先要确定填充的边界。定义边界的对象只能是直线、双向射线、单向射线、样条曲线、圆弧、圆、椭圆、面域等对象或用这些对象定义的块。如果在某个区域绘制了阴影图案而又觉得不合适时，可以将该区域所有的填充都删除掉。

1. 图案填充命令调用方法

1）命令：Bhatch。

2）下拉菜单：选择【绘图】→【图案填充】。

3）图标：单击如图 16-2 所示“修改”工具栏上的【图案填充】按钮。

2. 操作方式

选择【绘图】→【图案填充】，系统出现【边界填充图案】对话框，如图 16-3 所示，在【样例】栏中选择【填充图案选项板】ANSI31（左上角第一个），如图 16-4 所示，单击【确定】按钮。

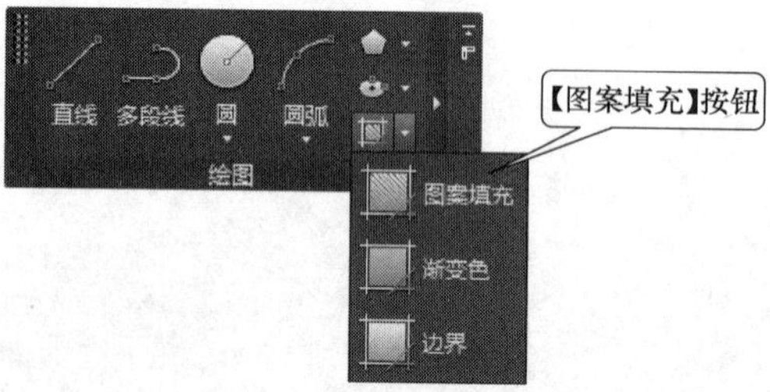

图 16-2 【图案填充】图标

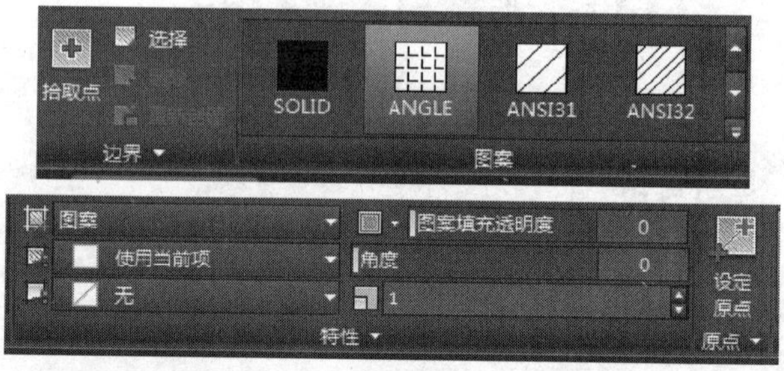

图 16-3 【边界填充图案】对话框

图 16-4 【填充图案选项板】

单击拾取点后，用鼠标左键单击图形上封闭的边界，可以连续拾取多个边界，选完后，按下【确定】按钮，完成图案填充。

活动步骤

【步骤一】设置图层及线型，见表 16-1。

【步骤二】绘制如图 16-5 所示的轮廓线。

【步骤三】绘制如图 16-6 所示的要填充的区域。

图 16-1　设置图层及线型

图层	线型	颜色	线宽/mm
0(轮廓线)层	实线	绿色	0.3
中心线层	点画线	红色	默认
尺寸线层	实线	白色	默认

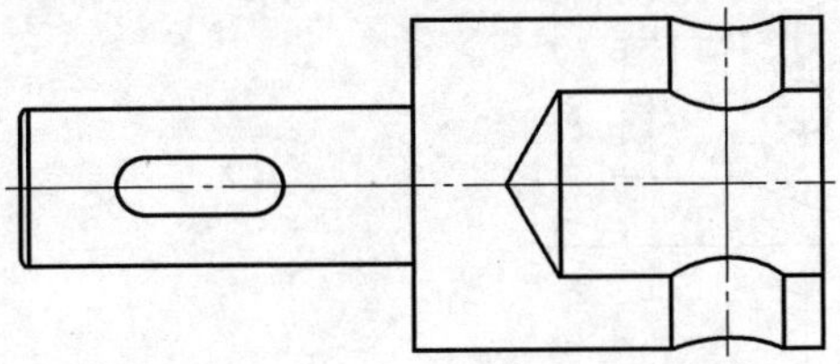

图 16-5　图形轮廓

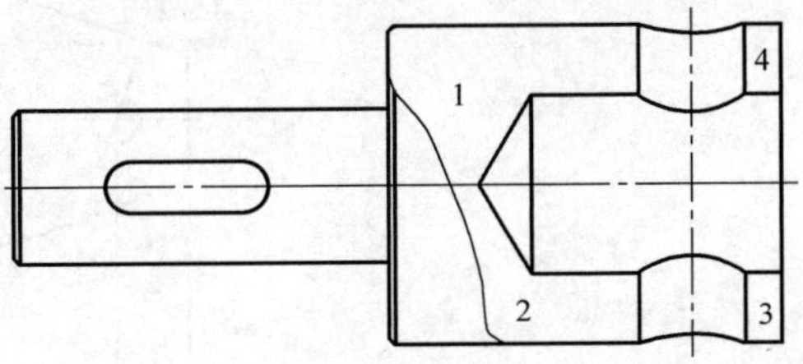

图 16-6　图形填充区域 1、2、3、4

【步骤四】 选择【绘图】→【图案填充】，选择【填充图案选项板】ANSI31，然后单击拾取点后，用鼠标左键分别单击填充区域 1、2、3、4 的边界，然后单击【确定】按钮完成图案填充，如图 16-7 所示。

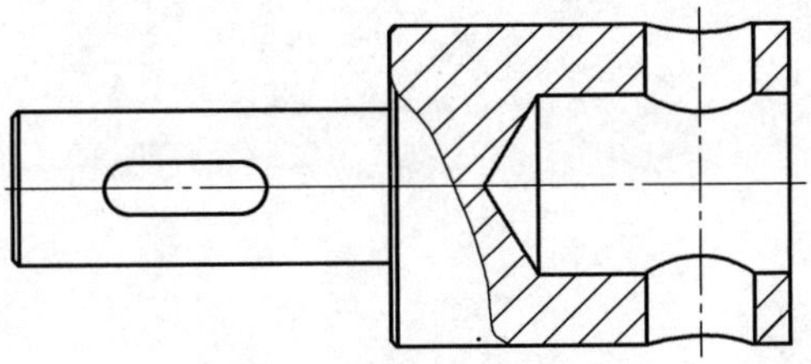

图 16-7　完成图形填充的图形

思考与练习

按照尺寸要求绘制如图 16-8、图 16-9 所示图形并进行标注。

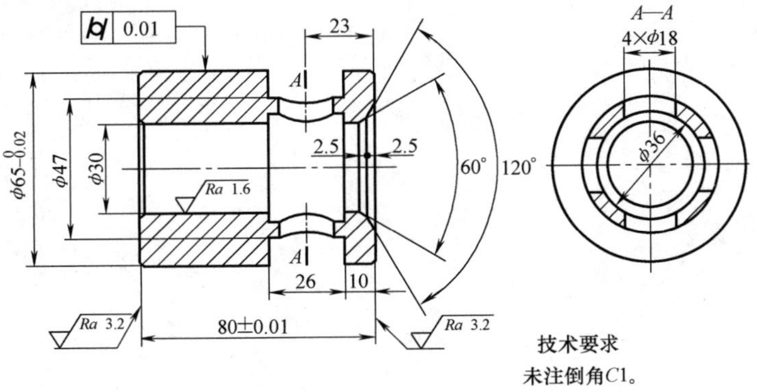

图 16-8　练习一

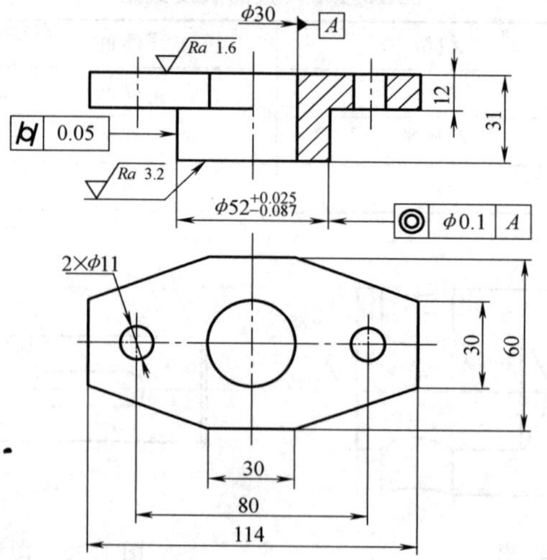

图 16-9　练习二

任务十七

建立符合国标 A3 幅面的零件图样板文件

学习目标

1. 样板图的基本概念及其建立与使用的方法。
2. 学会建立绘图环境，会按国标要求建立自己的样板文件。

活动任务

1. 完成如图 17-1 所示零件图样板的设置，保存为“MYGB. DWT”文件。

2. 使用“MYGB. DWT”样板文件绘制零件图，如图 17-2 所示，A4 图幅 1:1 布局，A3 图幅 2:1 布局。

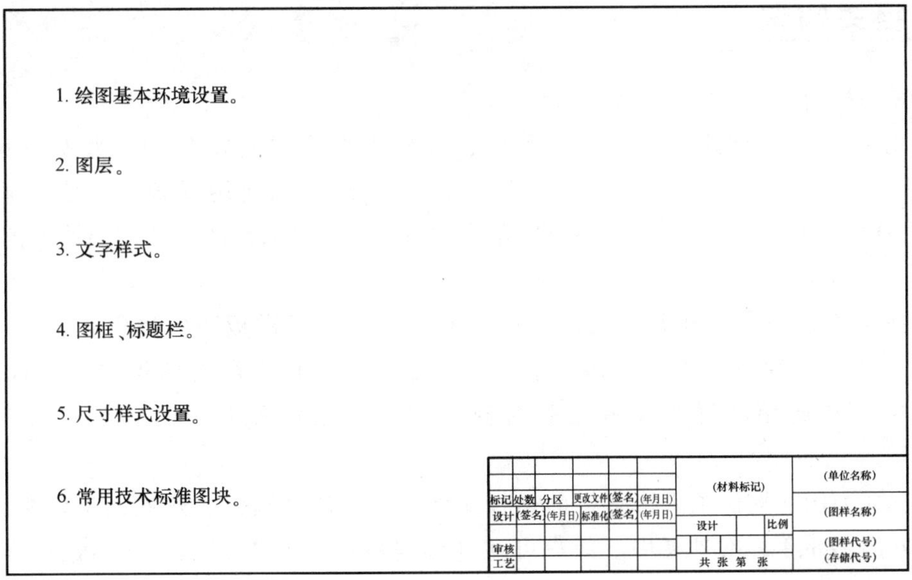

图 17-1　活动任务一

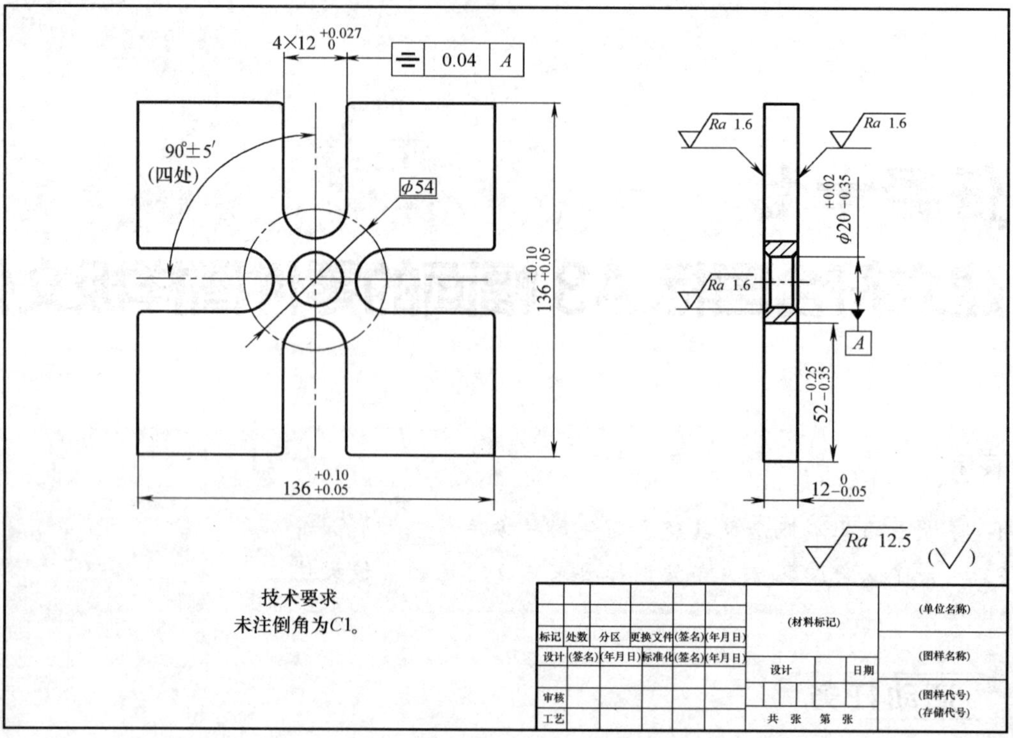

图 17-2　活动任务二

相关知识

样板图的概念。

当使用 AutoCAD 创建一个图形文件时，通常需要先进行图形的一些基本设置，如绘图单位、角度、区域等。AutoCAD 为用户提供了样板。使用样板，其实是调用预先定义好的样板图。样板图是一种包含有特定图形设置的图形文件（扩展名为“. DWT”）。

如果使用样板图来创建新的图形，则新的图形继承了样板图中的所有设置。这样就避免了大量的重复性设置工作，而且也可以保证同一项目中所有图形文件的标准统一。新的图形文件与所用的样板文件是相对独立的，因此新图形中的修改不会影响样板文件。

AutoCAD 为用户提供了风格多样的样板文件，在默认情况下，这些图形样板文件存储在易于访问的 Template 文件夹中。用户可在【创建新图形】对话框中使用这些样板文件。如果用户要使用的样板文件没有存储在【Template】文件夹中，则可单击【浏览…】按钮打开【选择样板】对话框来查找样板文件，如图 17-3 所示。

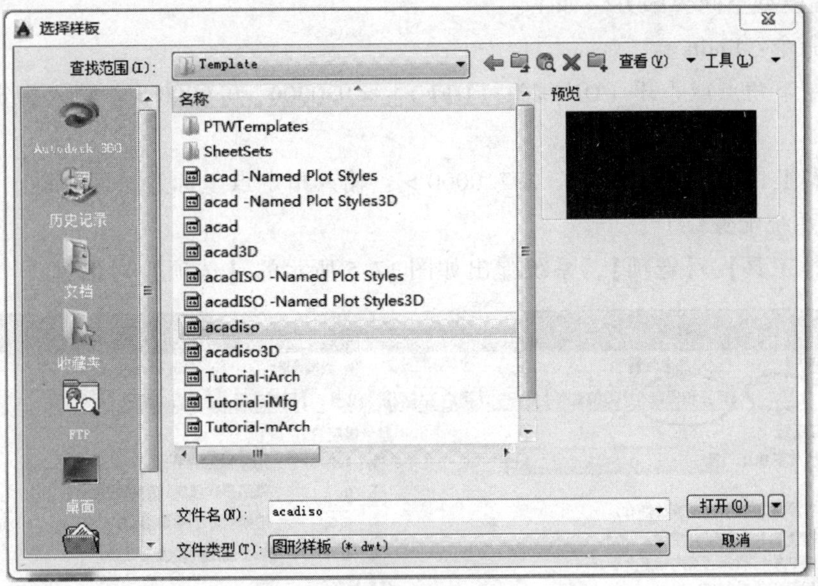

图 17-3　【选择样板】对话框

活动步骤

【步骤一】绘图基本环境设置。

1）绘图单位设置：单击【格式】→【单位】，系统打开如图 17-4 所示的对话框。

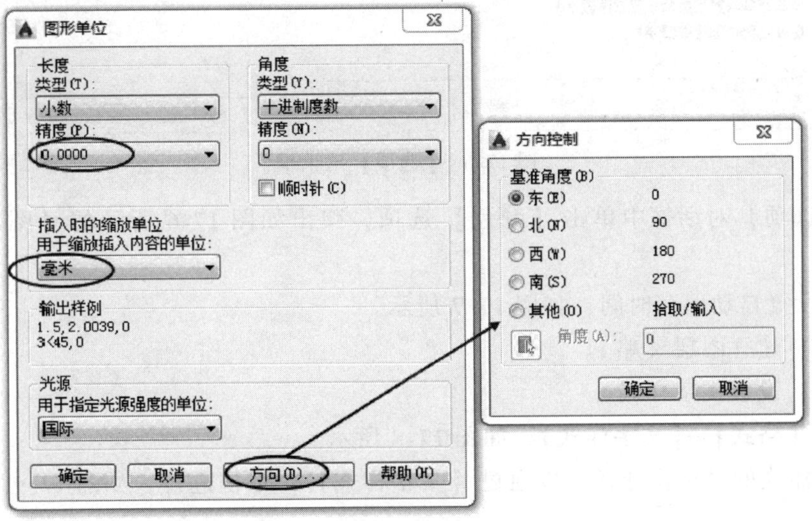

图 17-4　【图形单位】对话框

2）图形界限设置：单击【格式】→【图形界限】。

图形界限是 AutoCAD 绘图空间中的一个假想的矩形绘图区域，相当于选择的图纸大小，默认设置为 A3 图幅（420mm × 297mm）。

重新设置模型空间界限方法如下：

① 键入命令：limits。

② 指定左下角点或［开（ON)/关（OFF)］<0.0000，0.0000>：输入指定点坐标并按回车键。

③ 指定右上角点 <420.0000，297.0000>：输入指定点坐标并按回车键。

3）修改系统配置。

① 单击【工具】→【选项】，系统弹出如图 17-5 所示的【选项】对话框。

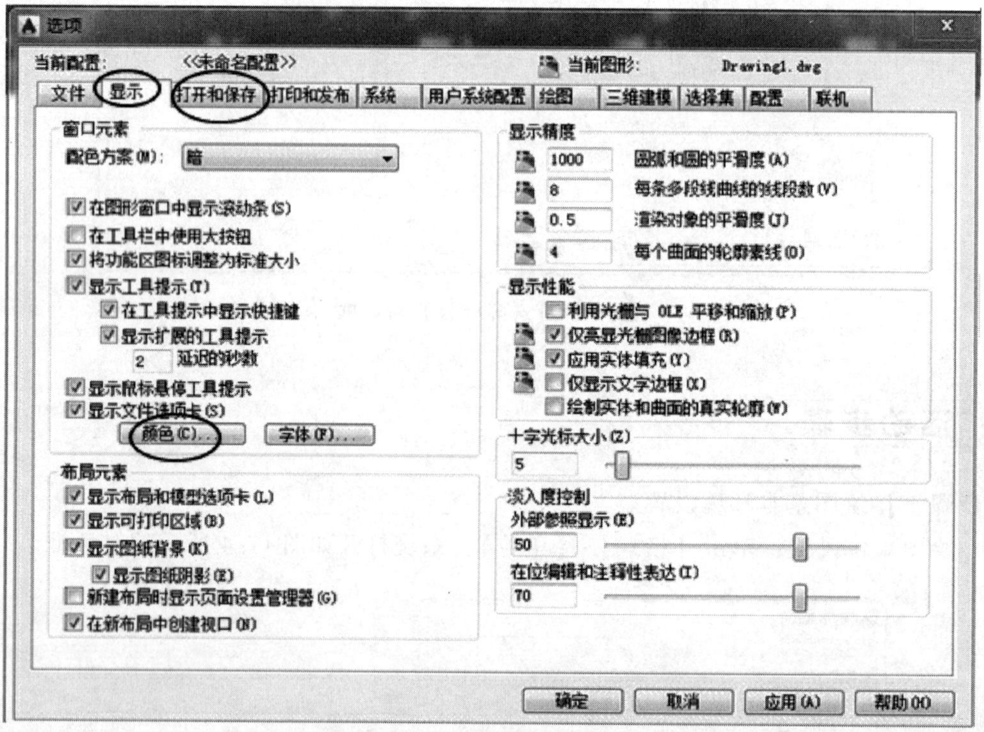

图 17-5 【选项】对话框

② 在【选项】对话框中单击【颜色】选项，弹出如图 17-6 所示的【图形窗口颜色】对话框。

③ 可以设置自动保存时间，如图 17-7 所示。

【步骤二】 建立图层（略）。

【步骤三】 设置文字样式。

1）单击【格式】→【文字样式】，如图 17-8 所示。

2）文字样式的设置及选择可以通过【文字样式】对话框进行，如图 17-9 所示。

操作提示：

在图 17-9 所示的【文字样式】中可按照以下方式进行设置：

① 勾选【使用大字体】。

② 数字、字母字体选为【gbeitc. shx】。

③ 汉字字体选为【gbcbig. shx】。

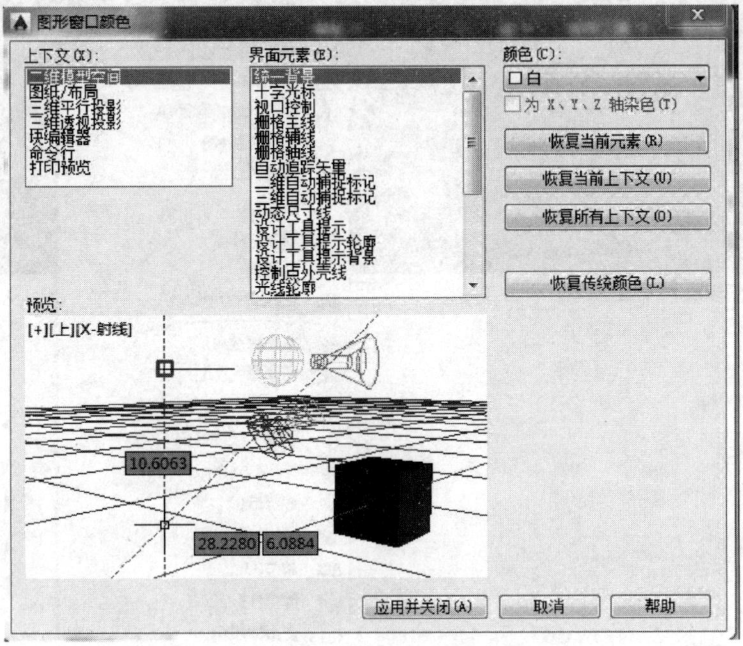

图 17-6 【图形窗口颜色】对话框

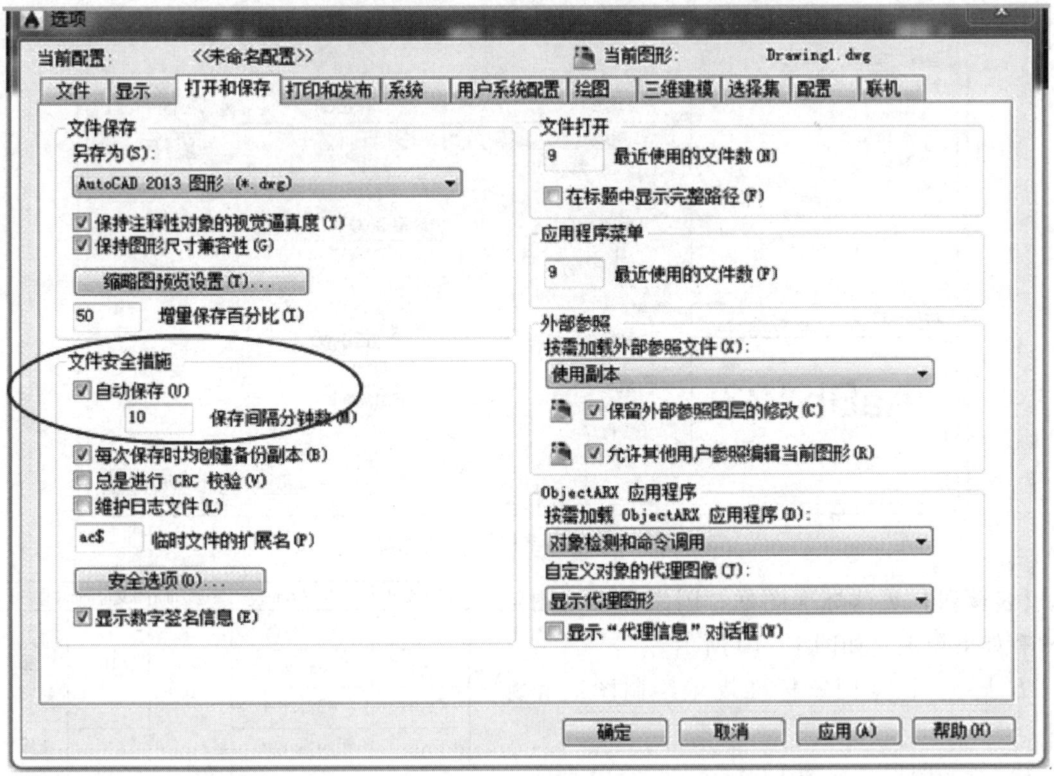

图 17-7 【自动保存】选项

图 17-8 【文字样式】选项

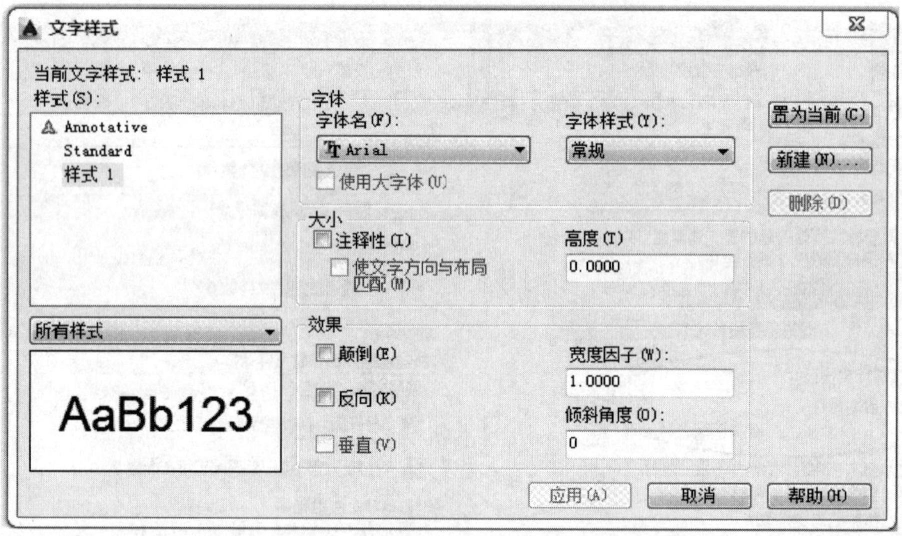

图 17-9 【文字样式】的选择

【步骤四】创建标准图框。国家标准对图纸尺寸有如下规定，如图 17-10 所示。

<table>
<tr><th>幅面代号</th><th>B×L/mm</th><th>留边a/mm</th><th>留边c/mm</th><th>留边e/mm</th></tr>
<tr><td>A0</td><td>841×1189</td><td rowspan="5">25</td><td rowspan="3">10</td><td rowspan="2">20</td></tr>
<tr><td>A1</td><td>594×841</td></tr>
<tr><td>A2</td><td>420×594</td><td rowspan="3">10</td></tr>
<tr><td>A3</td><td>297×420</td><td rowspan="2">5</td></tr>
<tr><td>A4</td><td>210×297</td></tr>
</table>

图 17-10 国家标准图纸尺寸

方法一：根据国家标准规定绘制图框和标题栏。

1）绘制图框，如图 17-11、图 17-12 所示。

2）绘制标题栏，如图 17-13 所示。

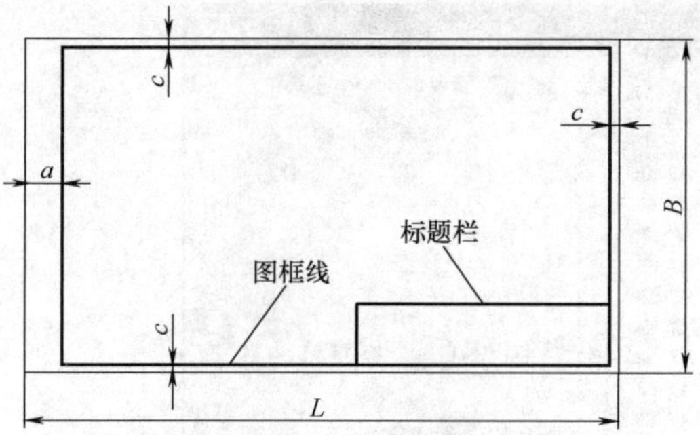

图 17-11　留装订边图框

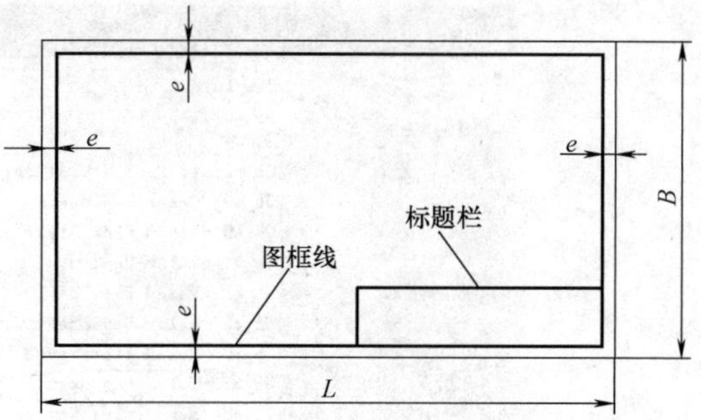

图 17-12　留装订边图框

标题栏中的字体，除图样名称、单位名称、图样代号用 7 号字外，其余皆为 5 号字。

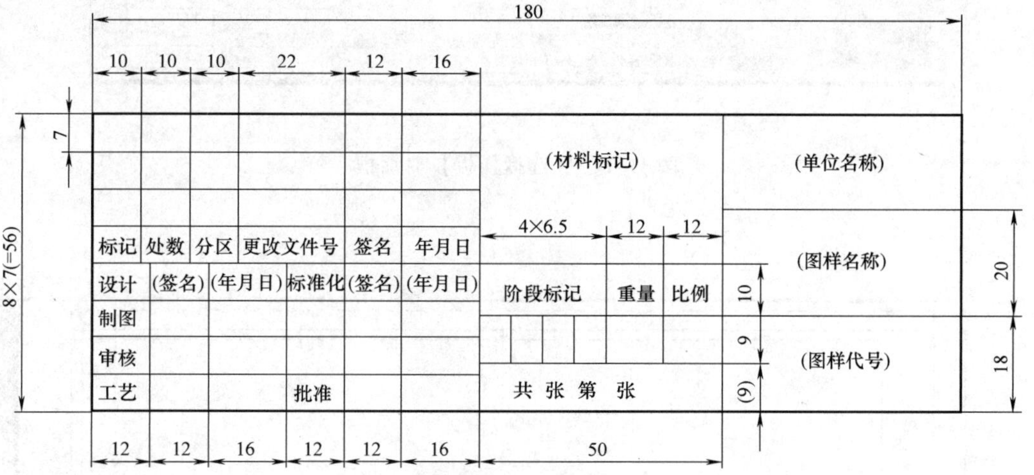

图 17-13　标题栏

方法二：直接从计算机中选择样板文件。

1）单击菜单【文件】→【新建】，系统弹出【选择样板】对话框，如图 17-14 所示。

2）选择【Gb_ a3-Color Dependent Plot Styles. dwt】（国标 3 号图纸、颜色相关打印样式表），单击【打开】按钮，弹出【插入布局】对话框，如图 17-15 所示。

3）采用同样的方法，选择【Gb_ a4 -Color Dependent Plot Styles. dwt】创建 A4 图纸，如图 17-16 所示。

4）将光标放置在【Gb A4 标题栏】按钮上，单击右键选择【页面设置管理器】，如图 17-17 所示。

5）单击【修改】，进入【页面设置】对话框，如图 17-18 所示。

6）图纸方向选择【纵向】，【确定】后关闭，如图 17-19、图 17-20 所示。

【步骤五】创建符合机械制图国家标准的尺寸样式。

1）创建父系尺寸样式。

2）创建角度标注。

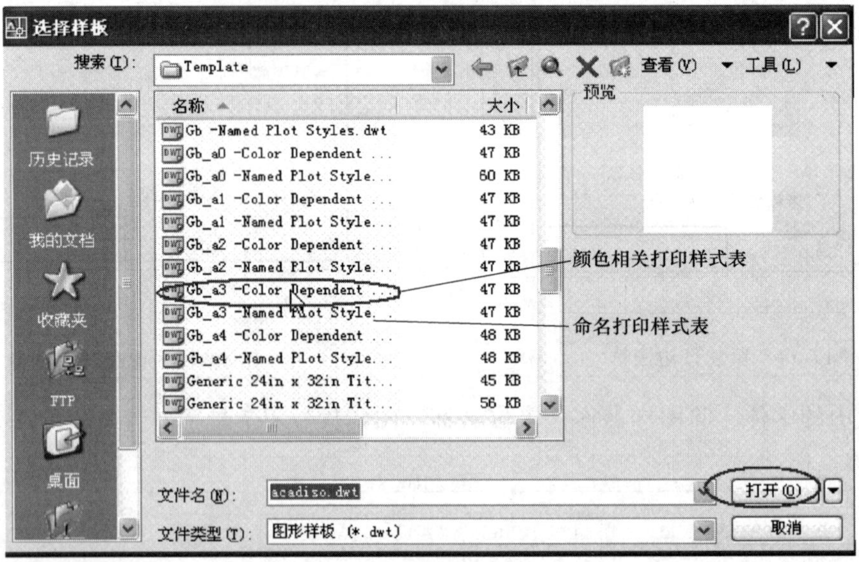

图 17-14 【选择样板】对话框

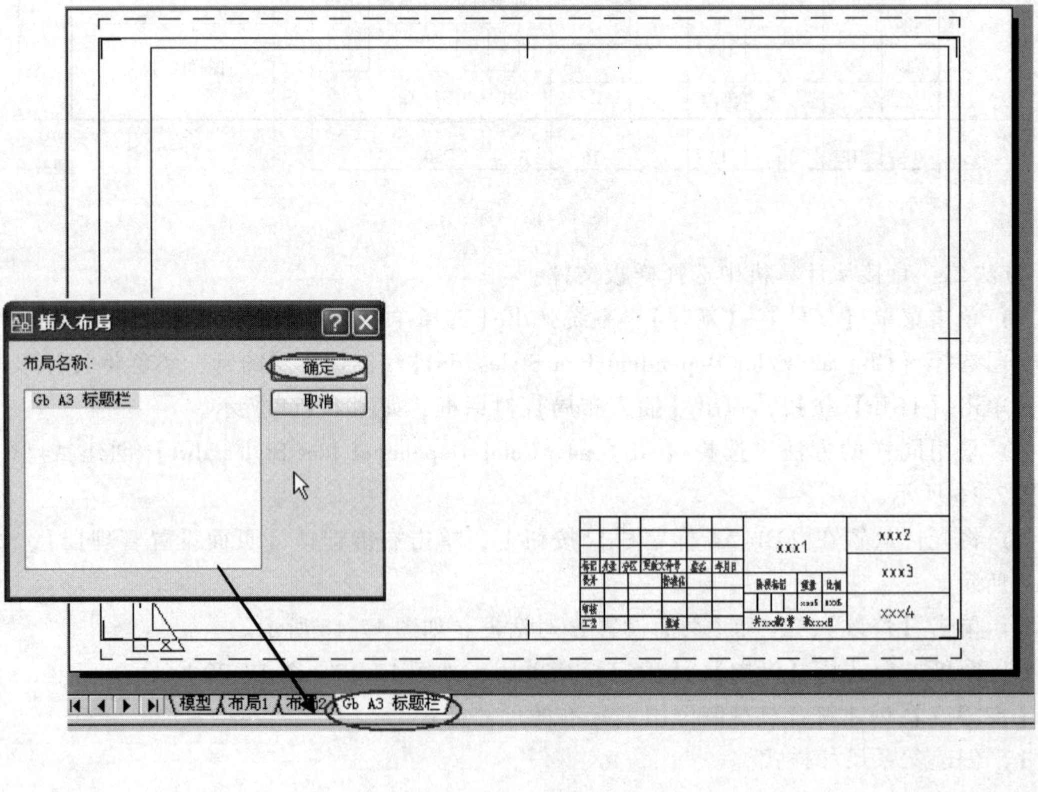

图 17-15 【插入布局】对话框

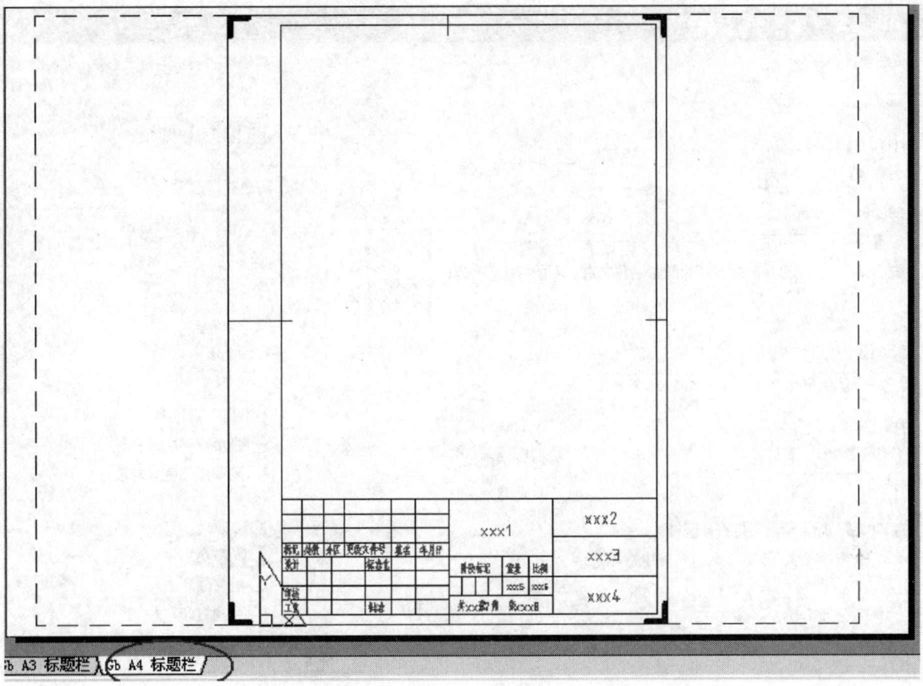

图 17-16　A4 图纸样板

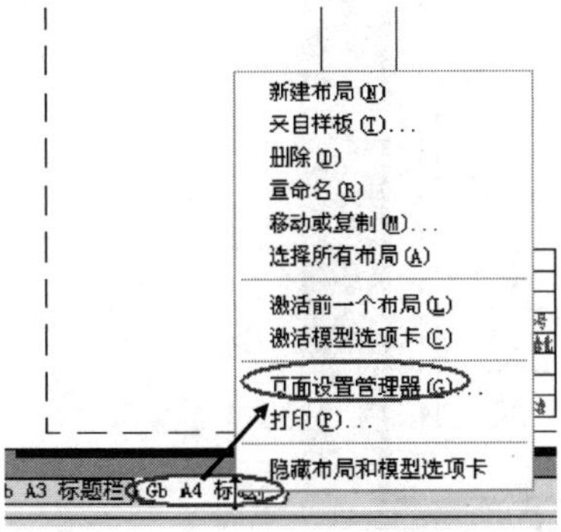

图 17-17　【页面设置管理器】

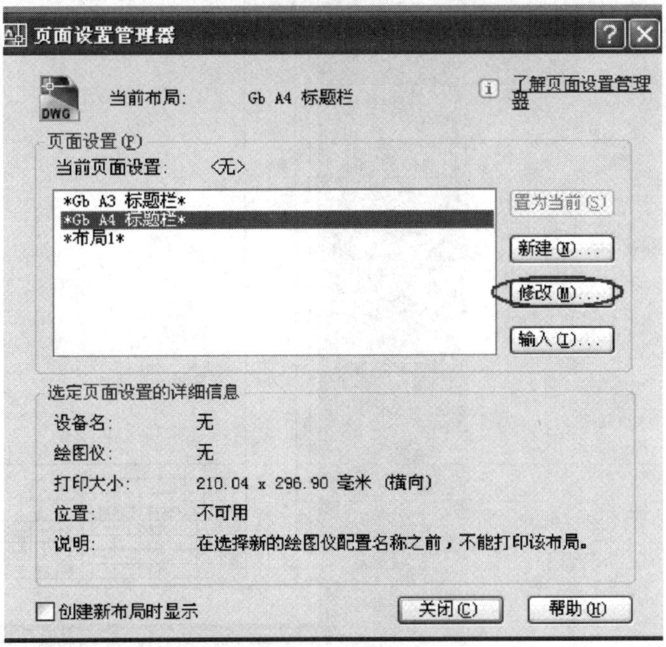

图 17-18　【页面设置】对话框

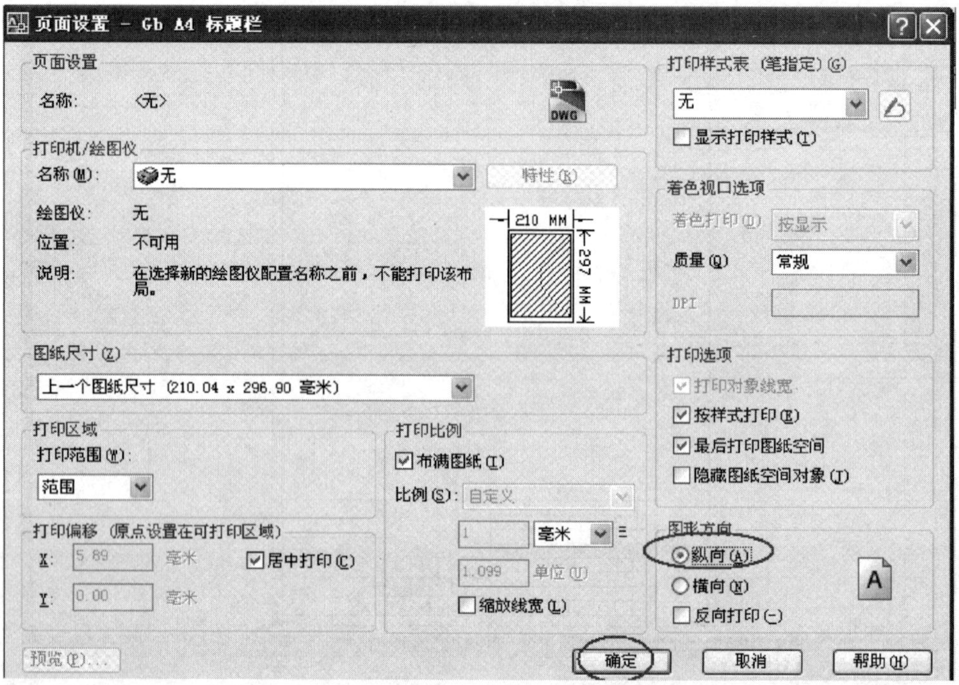

图 17-19 【页面设置】对话框

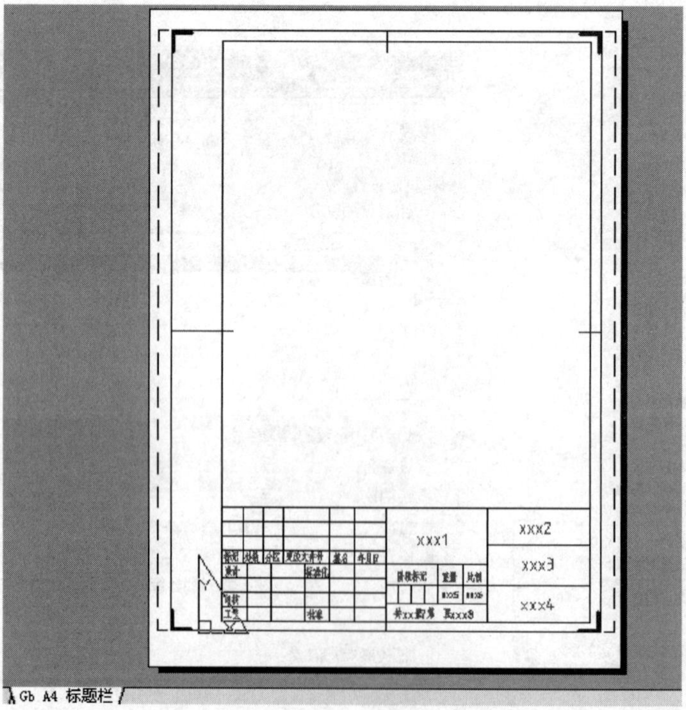

图 17-20 设置完成

3）创建半径标注。

4）创建直径标注。

5）创建非圆直径标注样式。

【步骤六】创建常用技术标注图块。

【步骤七】保存为“MYGB. DWT”文件。

【步骤八】在模型空间以1:1比例绘制图形，单击【新建】，选择样板文件【MYGB-A3. DWT】后打开，进入绘图界面。

【步骤九】在图纸空间布局。

1）在【Gb A4】中以1:1比例布局。

①在【布局】中单击状态栏中的【图纸】，转换为【模型】（或双击绘图区域），进入模型空间。

②将图形平移至绘图区域。

③用【平移】命令将图形放置正中以美观布局，回到图纸空间，如图17-21所示。

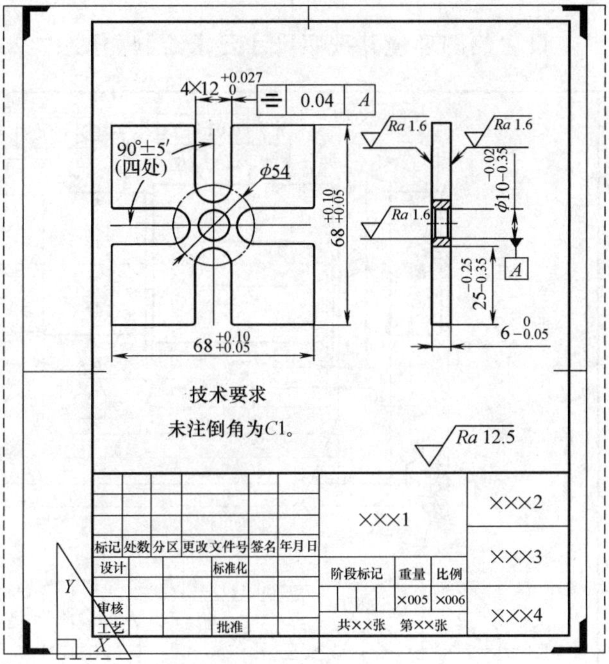

图17-21　图纸空间

2）在【Gb A3】中以2:1比例布局。

采用与在【Gb A4】中1:1布局同样的方法，输入比例因子“2”，如图17-22所示。

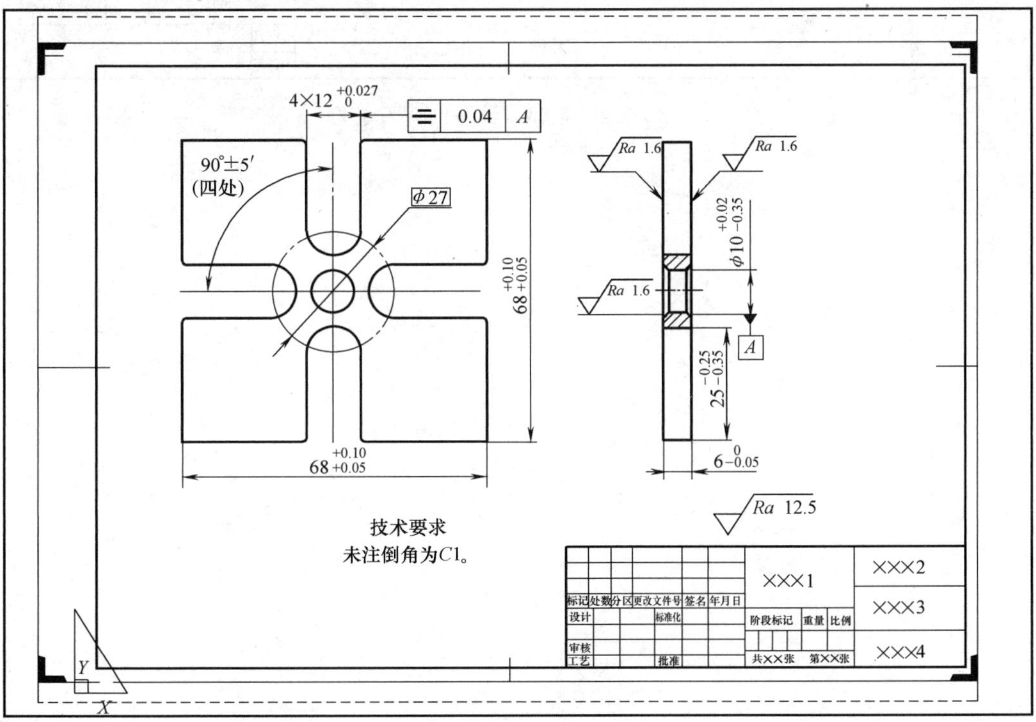

图17-22　比例缩放

思考与练习

设置绘图环境并按照尺寸要求绘制如图 17-23 所示轴零件图。

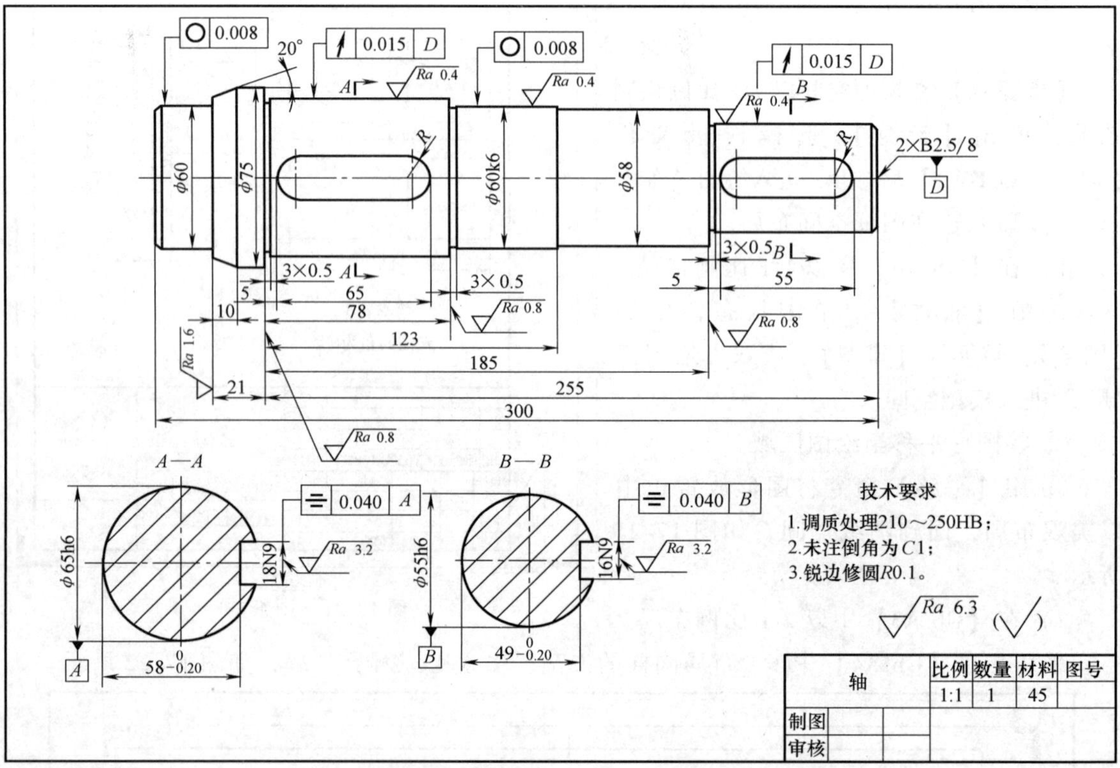

图 17-23　轴零件

任务十八
零件图绘制综合练习

学习目标

1. 能灵活运用所学命令绘制盘盖类零件图。
2. 能灵活运用所学命令绘制叉架类零件图。

活动任务

选择适当的图纸幅面，绘制如图 18-1 所示的主轴承盖零件图，并标注尺寸、公差和技

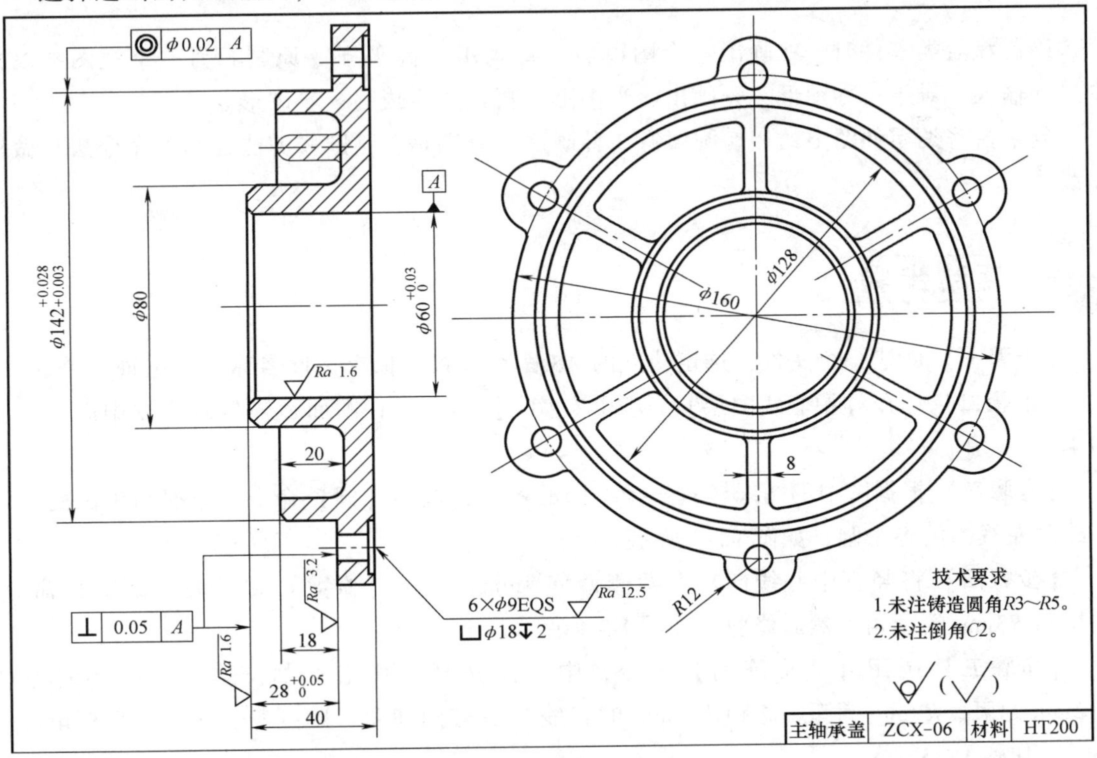

图 18-1　主轴承盖零件

术要求等。

相关知识

一、盘盖类零件特点

盘盖类零件包括端盖、法兰盘、手轮、带轮等形状扁平的盘状零件，主体部分多为同轴回转体，也有主体为方形和其他形状的，且径向尺寸较大、轴向尺寸较小。零件上常有各种形状的凸缘、沿圆周分布的孔、肋板、槽和齿等结构。轮类零件一般传递动力，盖类零件主要起支撑、轴向定位和密封等作用。

二、盘盖类零件的表达方法

主视图一般按加工位置水平放置，但有些较复杂的盘盖，因加工工序较多，主视图也可按工作位置画出。一般需要两个以上基本视图。根据结构特点，视图有对称面时，可做半剖视；无对称面时，可做全剖或局部剖视，以表达零件的内部结构；另一基本视图主要表达其外轮廓以及零件上各种孔的分布。其他结构形状如轮辐和肋板等可移出断面或重合断面，也可用简化画法。

盘盖类零件也是装夹在卧式车床的卡盘上加工的，与轴套类零件相似，其主视图主要遵循加工位置原则，即应将轴线水平放置。

三、盘盖类零件的绘制

绘制盘盖类零件时，在画出一个图以后，要利用“高平齐”原则画另一个视图，以减少尺寸输入；对于对称图形，先画出一半图形，再镜像生成另一半图形。

复杂盘盖类零件图中的相切圆弧有 3 种画法，分别是：画圆修剪法、圆角命令法和做辅助线法。

活动步骤

【步骤一】 新建一个文件，选定建立的 A3 图纸样板，保存文件名称为“主轴承盖”。

【步骤二】 选择【中心线图层】，调用【直线】命令，在图面适当位置绘制中心线，如图 18-2 所示。

【步骤三】 根据图中的图线样式选择不同的图层，调用【圆】命令，根据图中圆的半径先绘制左视图的各个圆，如图 18-3 所示。

【步骤四】 将竖直中心线向左右两侧偏移 4mm，调用【修剪】和【夹点编辑】命令，并绘制 *R*3mm 的圆角，然后修剪，如图 18-4 所示。

【步骤五】 调用【环形阵列】命令，中心点选择为中心线的交点，选择的对象为 *R*12mm 圆弧、*R*9mm 圆弧、相距为 8mm 的直线和所有的圆角，阵列数目为 6，填充角度为 360°，如图 18-5 所示。

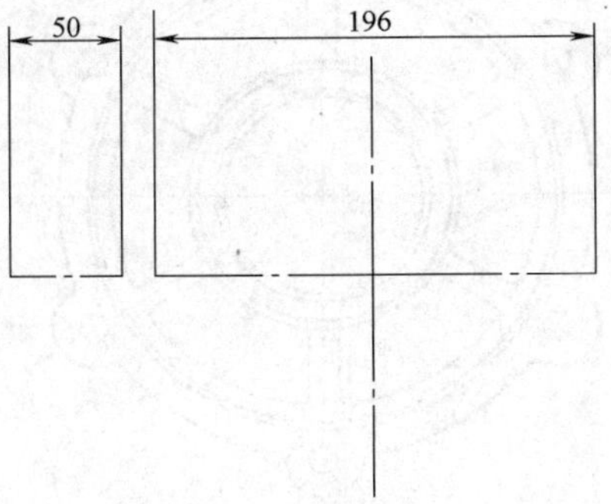

图 18-2　绘制中心线

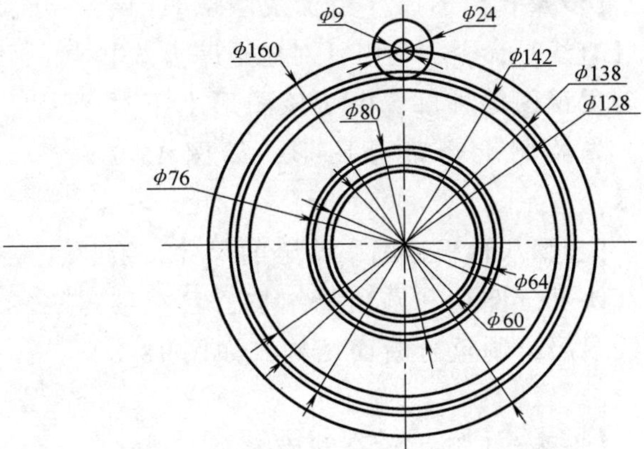

图 18-3　绘制左视图的圆

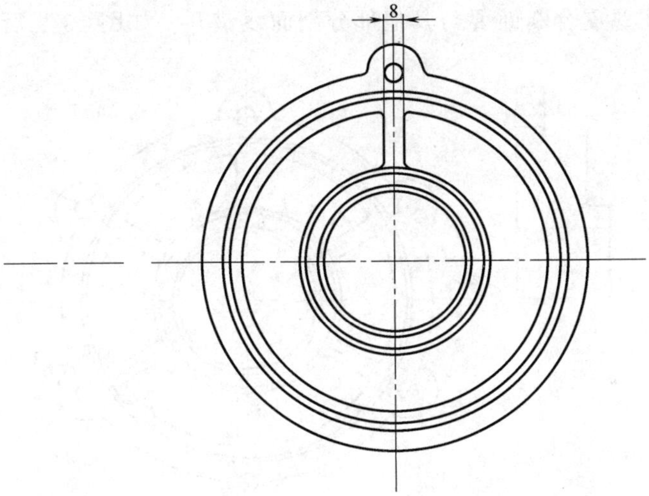

图 18-4　整理左视图

【步骤六】将所有的圆与圆角在交点处打断；调用【三点画圆弧】命令，选用【中心线图层】，绘制 ϕ160mm 圆中修剪掉的圆弧，再选择绘制的圆弧，单击【特性匹配】按钮，将打断后 R9mm 圆弧内 ϕ160mm 的圆弧进行特性匹配；执行【修剪】命令，将中间肋板 ϕ128mm 圆与圆角相交处修剪掉；在中心线图层，用直线连接 ϕ160mm 的圆心和所有 ϕ9mm 的圆心，调用【拉长】命令，选择【动态方式】，将绘制的连接线调整为合适长度和位置，如图 18-6 所示。

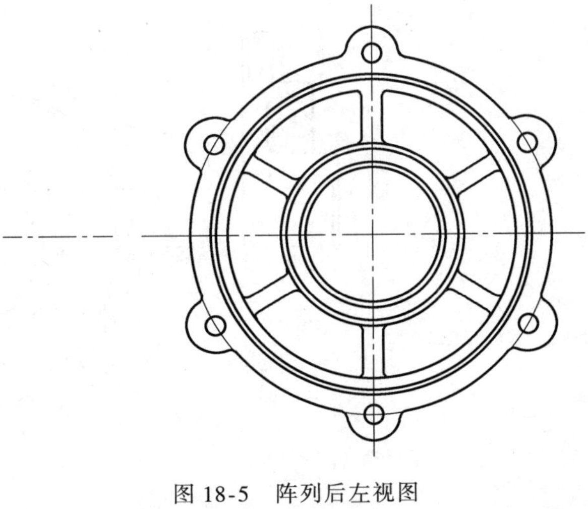

图 18-5　阵列后左视图

【步骤七】选择【粗实线图层】，调用【直线】命令，利用【对象追踪方式】绘制主视图的外廓，由于该图形上下对称，先绘制上半部分图形，如图 18-7 所示。

【步骤八】根据图中给定的尺寸，绘制沉头孔、倒角和圆角等结构，且在细实线图层绘制重合断面结构，如图 18-8 所示。

【步骤九】除去重合断面部分，选择主视图其他图线，执行【镜像】命令，然后选择【细实线图层】，调用【填充】命令绘制剖面线。注意重合断面要与其他部分剖面线错开，如图 18-9 所示。

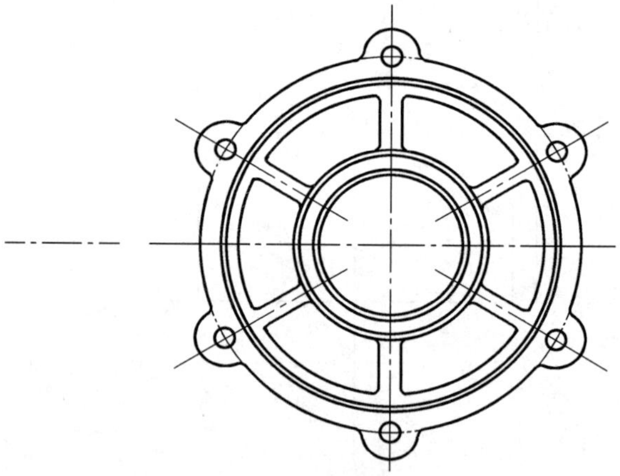

图 18-6 整理后左视图

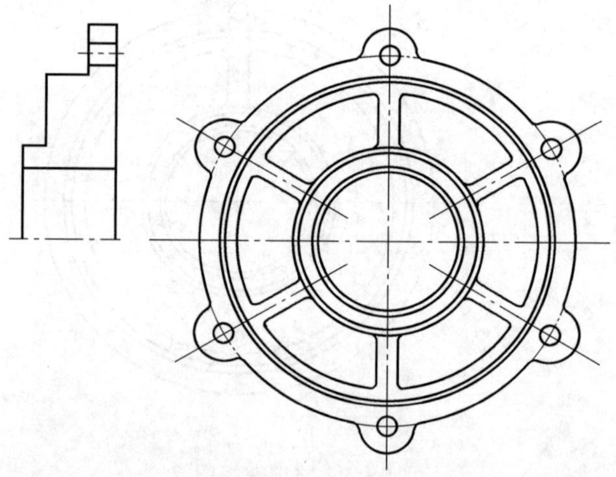

图 18-7 主视图外廓

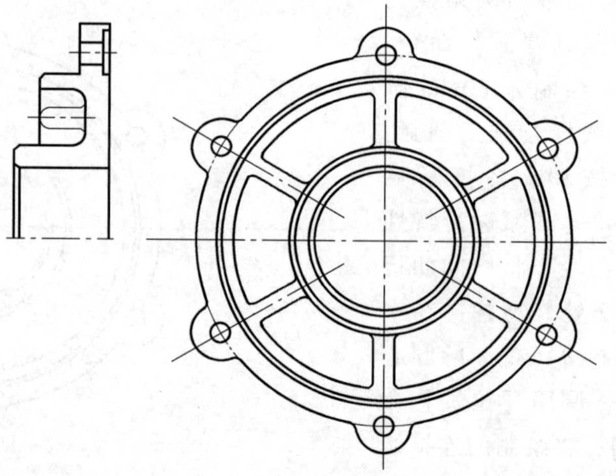

图 18-8 主视图上半部分结构

【步骤十】 选择【尺寸标注图层】，插入带有表面粗糙度图块的模板，注写 *Ra* 数值，插入标题栏图块，填写标题栏块的属性；执行单行或多行文字命令，注写技术要求。

【步骤十一】 选择合适标注样式，标注尺寸，对于引出标注和形位公差的标注，可以采用【快速引线（qleader）】命令。

【步骤十二】 整理图形，修剪多余线条，将图形调整至合适位置。

【步骤十三】 标注尺寸和形位公差及技术要求。

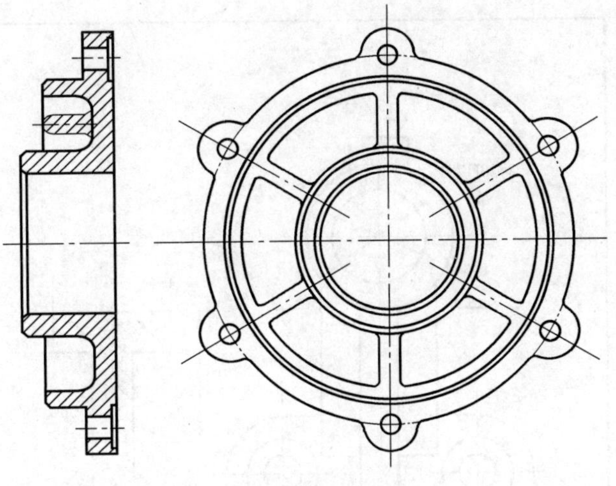

图 18-9　主轴承盖视图

【步骤十四】 调用或绘制图框、标题栏（建议用样板文件布局），完成图形绘制。

思考与练习

选择适当的图纸幅面，绘制零件图，并标注尺寸、公差和技术要求等，如图 18-10、图 18-11 所示。

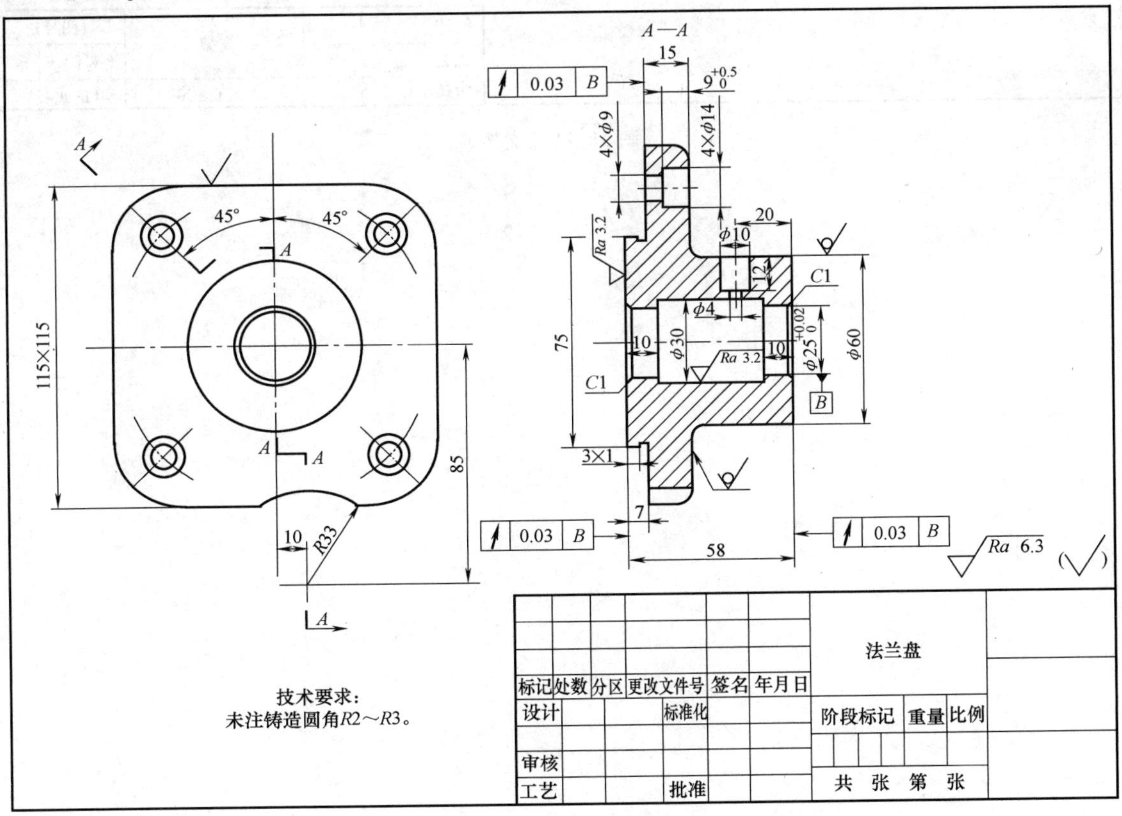

图 18-10　法兰盘

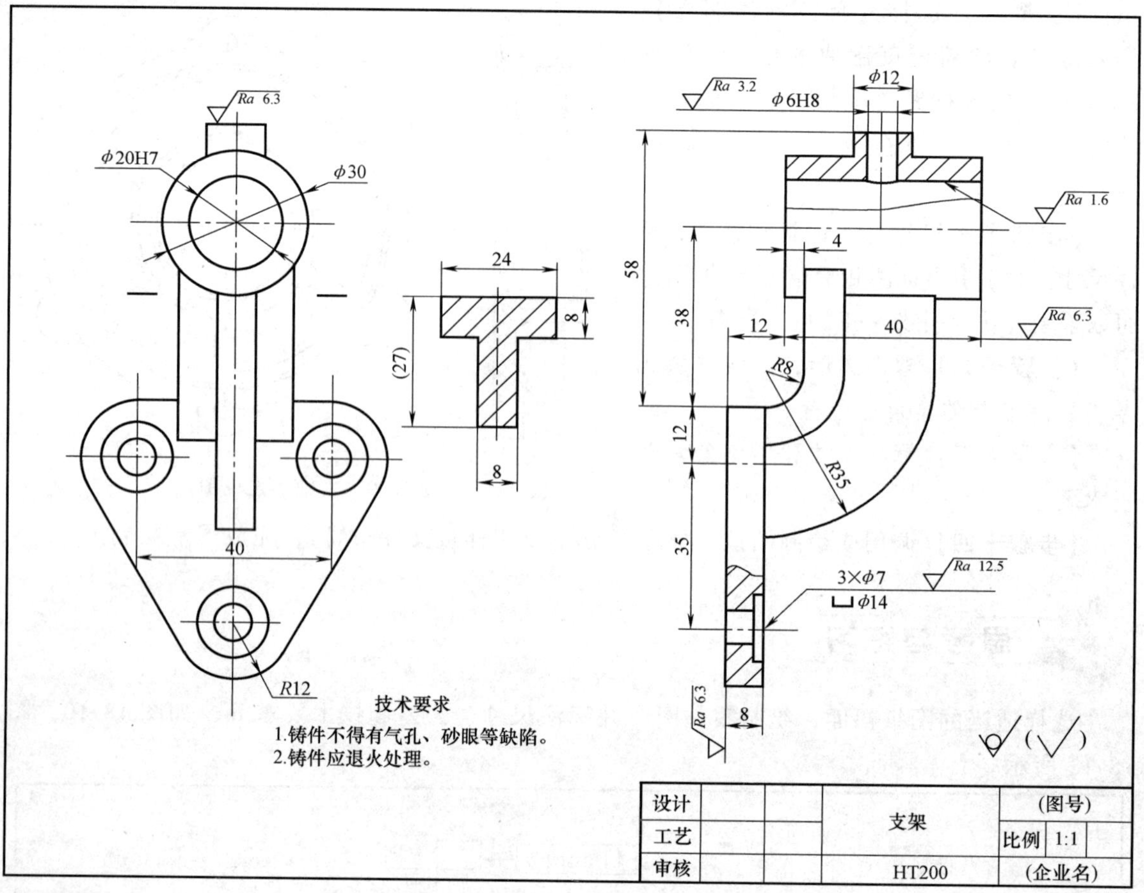
Ra 6.3
ϕ20H7
ϕ30
40
R12
24
8
(27)
8
Ra 3.2
ϕ6H8
ϕ12
Ra 1.6
58
4
38
12
40
Ra 6.3
R8
12
R35
35
3×ϕ7
ϕ14
Ra 12.5
Ra 6.3
8
技术要求
1.铸件不得有气孔、砂眼等缺陷。
2.铸件应退火处理。
设计
工艺
审核
支架
HT200
(图号)
比例 1:1
(企业名)

图 18-11　支架

参 考 文 献

[1] 李启炎. 计算机绘图 [M]. 上海：同济大学出版社，2001.
[2] 张双才. 计算机绘图基础教程 [M]. 北京：清华大学出版社，2007.